"十三五"职业教育国家规划教材(修订版)

机械制图与识图习题集

第 2 版

主　编　史　磊　　陈　亮　　刘国杰
副主编　张凤营　　张伟强　　李艳华
参　编　李自强　　韩宇平　　李　然　　王俊琦　　马继召

机械工业出版社

本书为"十三五"职业教育国家规划教材修订版。

本书是《机械制图与识图　第2版》教材的配套习题集。本书共分为10章，分别为制图基本知识、投影基础及基本体三视图、组合体、零件图基本知识、轴套类零件图绘制与识读、轮盘类零件图绘制与识读、叉架类零件图绘制与识读、箱体类零件图绘制与识读、标准件与常用件、装配图。书后附有详细的参考答案。

本书可供高等职业院校、技师学院的机电类专业机械制图课程练习使用，也可供相关专业师生和工程技术人员使用。

图书在版编目（CIP）数据

机械制图与识图习题集/史磊，陈亮，刘国杰主编.
2版. -- 北京：机械工业出版社，2024. 11. --（"十三五"职业教育国家规划教材：修订版）. -- ISBN 978-7-111-77579-9

Ⅰ. TH126 –44

中国国家版本馆 CIP 数据核字第 20258HM350 号

机械工业出版社（北京市百万庄大街22号　邮政编码100037）
策划编辑：王宗锋　　　　　　　责任编辑：王宗锋　高亚云
责任校对：李　婷　梁　静　　　封面设计：马若濛
责任印制：单爱军
北京虎彩文化传播有限公司印刷
2025年4月第2版第1次印刷
260mm×184mm · 6.25印张 · 149千字
标准书号：ISBN 978-7-111-77579-9
定价：28.00元

电话服务　　　　　　　　　网络服务
客服电话：010-88361066　机　工　官　网：www.cmpbook.com
　　　　　010-88379833　机　工　官　博：weibo.com/cmp1952
　　　　　010-68326294　金　书　网：www.golden-book.com
封底无防伪标均为盗版　机工教育服务网：www.cmpedu.com

关于"十三五"职业教育国家规划教材的出版说明

2019 年 10 月,教育部职业教育与成人教育司颁布了《关于组织开展"十三五"职业教育国家规划教材建设工作的通知》(教职成司函〔2019〕94 号),正式启动"十三五"职业教育国家规划教材遴选、建设工作。我社按照通知要求,积极认真组织相关申报工作,对照申报原则和条件,组织专门力量对教材的思想性、科学性、适宜性进行全面审核把关,遴选了一批突出职业教育特色、反映新技术发展、满足行业需求的教材进行申报。经单位申报、形式审查、专家评审、面向社会公示等严格程序,2020 年 12 月教育部办公厅正式公布了"十三五"职业教育国家规划教材(以下简称"十三五"国规教材)书目,同时要求各教材编写单位、主编和出版单位要注重吸收产业升级和行业发展的新知识、新技术、新工艺、新方法,对入选的"十三五"国规教材内容进行每年动态更新完善,并不断丰富相应数字化教学资源,提供优质服务。

经过严格的遴选程序,机械工业出版社共有 227 种教材获评为"十三五"国规教材。按照教育部相关要求,机械工业出版社将坚持以习近平新时代中国特色社会主义思想为指导,积极贯彻党中央、国务院关于加强和改进新形势下大中小学教材建设的意见,严格落实《国家职业教育改革实施方案》《职业院校教材管理办法》的具体要求,秉承机械工业出版社传播工业技术、工匠技能、工业文化的使命担当,配备业务水平过硬的编审力量,加强与编写团队的沟通,持续加强"十三五"国规教材的建设工作,扎实推进习近平新时代中国特色社会主义思想进课程教材,全面落实立德树人根本任务;同时突显职业教育类型特征;遵循技术技能人才成长规律和学生身心发展规律;落实根据行业发展和教学需求,及时对教材内容进行更新;同时充分发挥信息技术的作用,不断丰富完善数字化教学资源,不断提升教材质量,确保优质教材进课堂;通过线上线下多种方式组织教师培训,为广大专业教师提供教材及教学资源的使用方法培训及交流平台。

教材建设需要各方面的共同努力,也欢迎相关使用院校的师生反馈教材使用意见和建议,我们将组织力量进行认真研究,在后续重印及再版时吸收改进,联系电话:010 – 88379375,联系邮箱:cmpgaozhi@ sina. com。

机械工业出版社

前　　言

　　本书是《机械制图与识图　第2版》教材的配套习题集，是根据高等职业院校的人才培养方案，汲取了企业优秀专家的建议和一线优秀教师的教学经验，根据企业所需生产一线制造、装配、维修等岗位的任职要求及所需的知识、技能和能力等编写而成的。

　　本书中习题按由浅入深、循序渐进的顺序编排；在选择题目方面，既注意到题目的典型性、代表性与实用性，又考虑到题目类型的多样化；注重学生画图、识图和分析问题能力的培养，突出以看图为主。

　　本书共分为10章：制图基本知识、投影基础及基本体三视图、组合体、零件图基本知识、轴套类零件图绘制与识读、轮盘类零件图绘制与识读、叉架类零件图绘制与识读、箱体类零件图绘制与识读、标准件与常用件、装配图。

　　本书由史磊、陈亮、刘国杰任主编，张凤营、张伟强、李艳华任副主编，参加编写的有李自强、韩宇平、李然、王俊琦和马继召。

　　由于编者水平有限，书中难免有错误和不妥之处，恳请读者批评指正。

编　者

目　　录

第1章　制图基本知识

机 械 制 图 计 算 机 绘 图 遵 守 国 家 标 准 正 投 影 法 三 视 图

剖 视 图 断 面 图 螺 纹 齿 轮 键 销 弹 簧 滚 动 轴 承 技 术 要 求 表 面 结 构 公 差

0 1 2 3 4 5 6 7 8 9　　*ABCDEFGHIJKLMNOPQRSTUVWXYZ*

2. 线型练习

细实线

粗实线

细虚线

粗虚线

细点画线

粗点画线

细双点画线

双折线

波浪线

3. 尺寸标注练习（尺寸数值按 1:1 的比例从图中量取）（一）　　班级　　　姓名　　　学号

（1）标注尺寸数字。

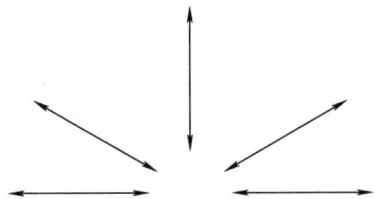

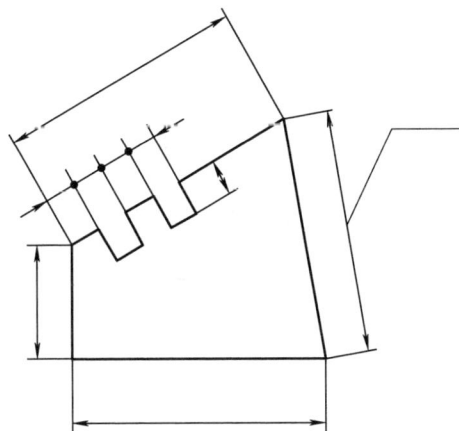

（2）标注圆和圆弧尺寸。

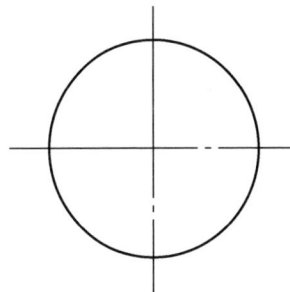

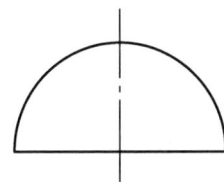

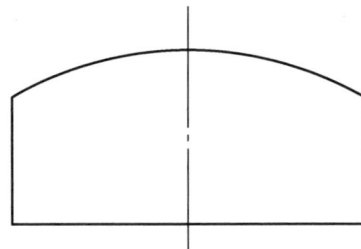

3. 尺寸标注练习（尺寸数值按 1∶1 的比例从图中量取）（二）　　班级　　姓名　　学号

（1）

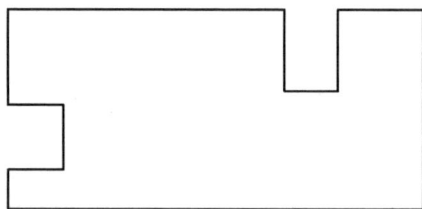

（2）

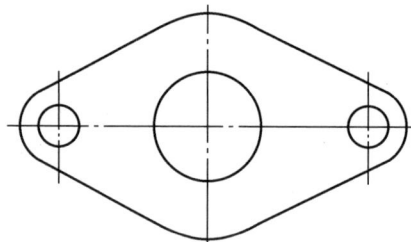

（3）

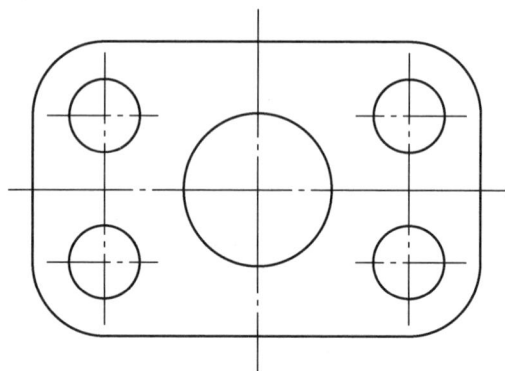

（4）

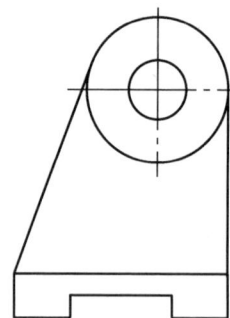

4. 斜度和锥度

（1）斜度（按实际尺寸绘制）。

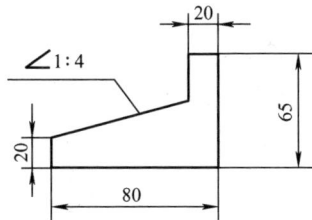

∠1:4

20

20

65

80

（2）锥度（按实际尺寸绘制）。

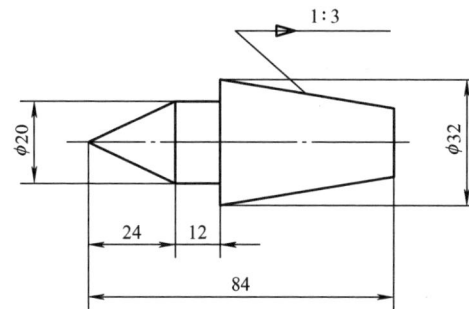

1:3

φ20

φ32

24

12

84

5. 等分线段、等分圆、绘制平面图形

（1）对下面的线段进行六等分。

（2）对下面的圆进行五等分。

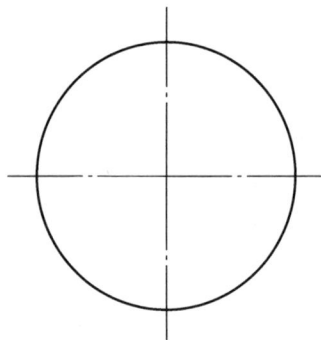

（3）在下面空白处绘制平面图形（按实际尺寸绘制）。

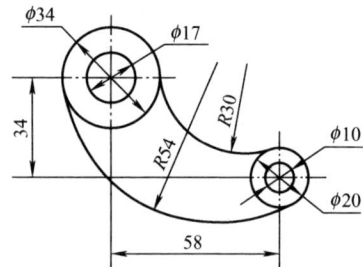

$\phi34$　$\phi17$

$R30$

$\phi10$

$R54$

$\phi20$

34

58

第 2 章 投影基础及基本体三视图

1. 投影法（一）

三视图的形成与投影规律

（1）物体由_____向_____投射，在 V 面上得到的视图，称为_____；物体由_____向_____投射，在 H 面上得到的视图，称为_____；物体由_____向_____投射，在 W 面上得到的视图，称为_____。

（2）三视图的投影规律是：主视图与俯视图_____；主视图与左视图_____；俯视图与左视图_____。

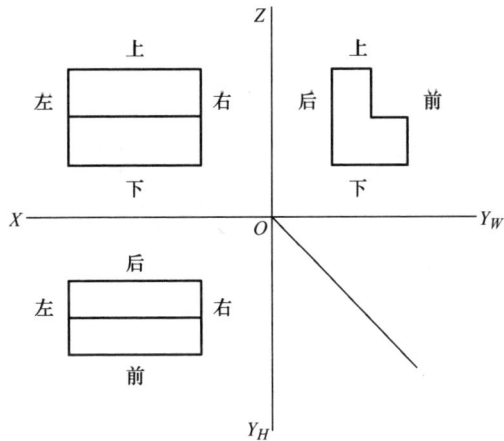

（3）已知立体的主、俯视图，正确的左视图是（　　　）。

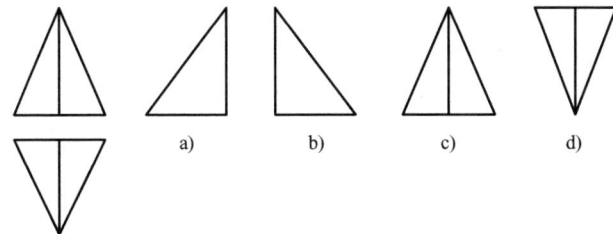

a)　　　　b)　　　　c)　　　　d)

（4）已知立体的主、俯视图，正确的左视图是（　　　）。

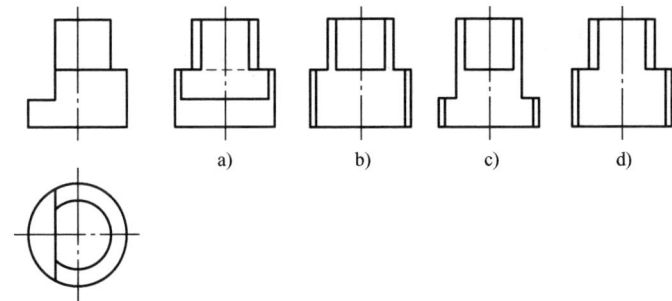

a)　　　　b)　　　　c)　　　　d)

1. 投影法（二）

请根据主视图及俯视图找出对应的立体图，将其序号填入括号中。

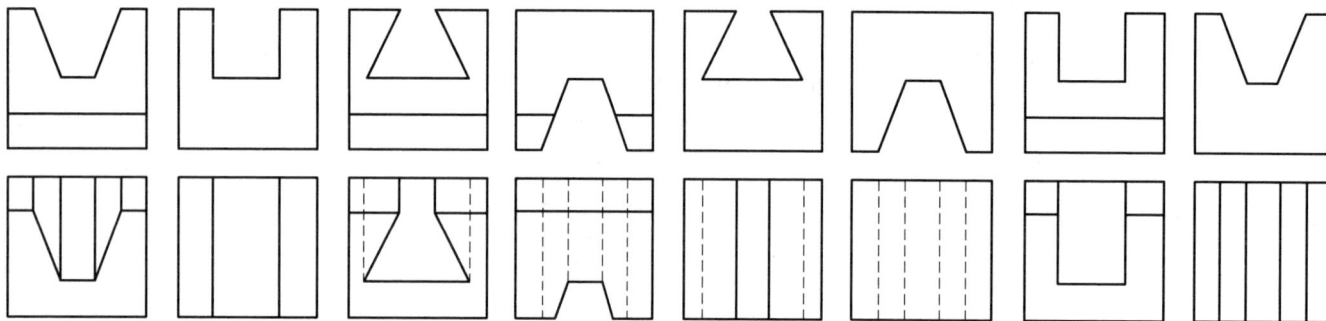

（　）　　（　）　　（　）　　（　）　　（　）　　（　）　　（　）　　（　）

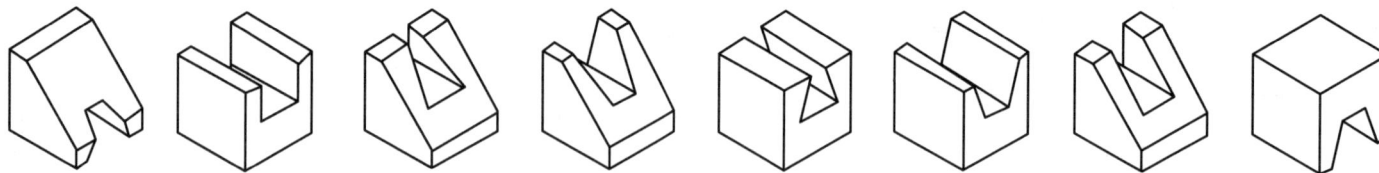

a)　　　b)　　　c)　　　d)　　　e)　　　f)　　　g)　　　h)

1. 投影法（三）

（1）已知点 A 的三面投影，点 B 在点 A 上方 13mm、左方 16mm、前方 12mm，求作点 B 的三面投影。

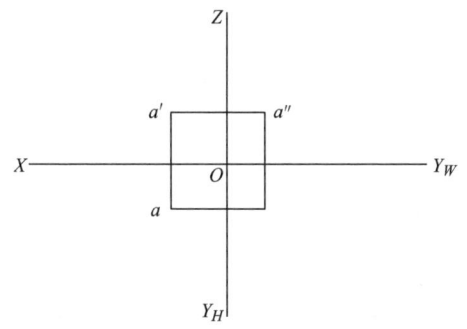

（2）设直线 AB 上一点 C 距 H 面 9mm，完成点 C 的三面投影。

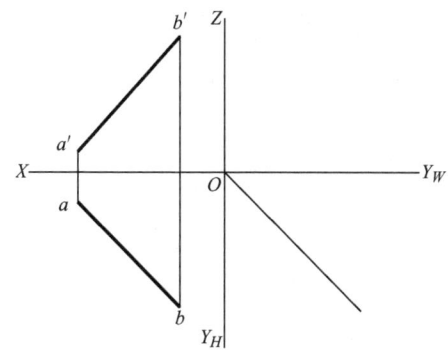

（3）已知点 A 距 H 面 8mm，距 V 面 10mm，距 W 面 7mm，点 B 在点 A 的左方 5mm、后方 3mm、上方 8mm，试作 A、B 两点的三面投影。

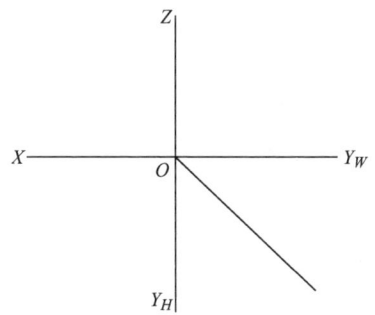

（4）已知点 A（8，12，16），点 B 在 H 面上，距离 W 面 12.5mm，距离 V 面 17mm，求 A、B 两点的三面投影。

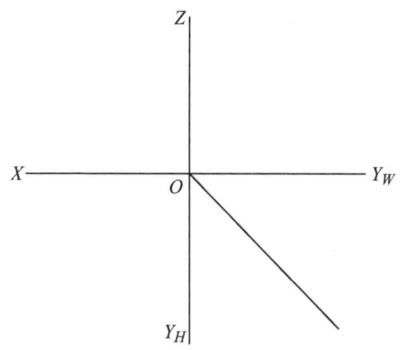

1. 投影法（四）

（1）AB 为正平线，求 AB 在 H、W 面上的投影。

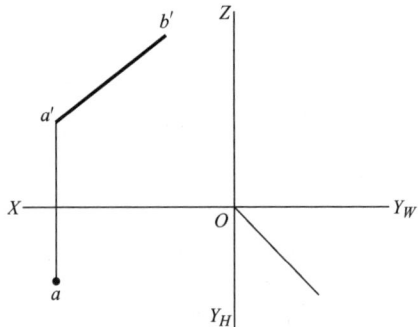

（2）AB 为铅垂线，求 AB 在 H、W 面上的投影。

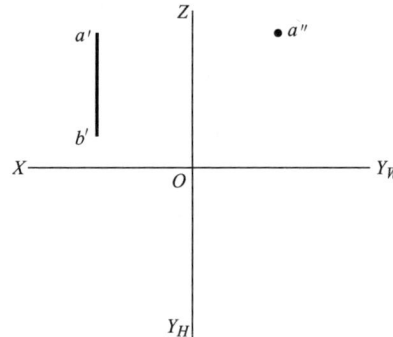

（3）已知直线 AB 的两面投影，设直线 AB 上一点 C 将 AB 分成 3∶2，求点 C 的三面投影。

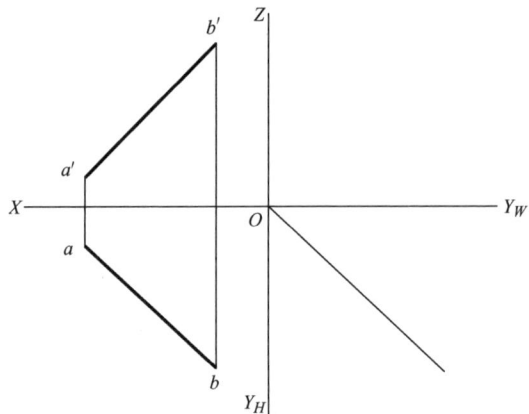

（4）试作一直线 HG 与直线 AB 平行，且与直线 CD、EF 相交。

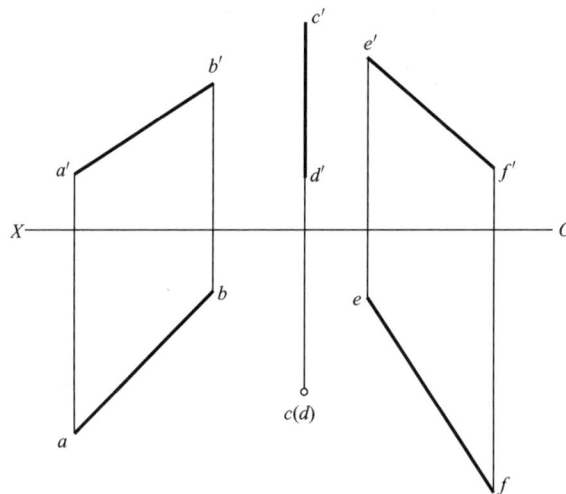

1. 投影法（五）

读图并回答问题。

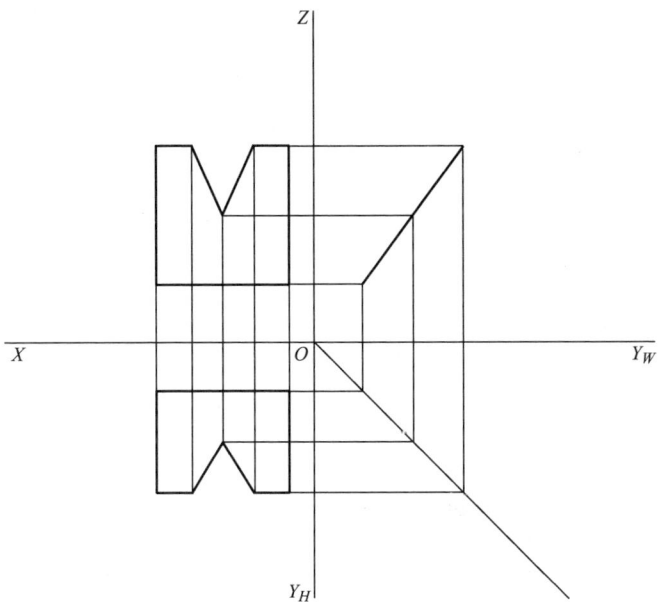

（1）该平面为_____ 面。

（2）该平面的投影特性为：_____

_____。

（3）投影面平行面有三种：平行于 H 面的平面称为_____，平行于 V 面的平面称为_____，平行于 W 面的平面称为_____。

（4）投影面垂直面有三种：垂直于 H 面的平面称为_____，垂直于 V 面的平面称为_____，垂直于 W 面的平面称为_____。

（5）立体上某一面，如果其两个投影为线框，另一个投影为斜直线，则所反映的平面为_____。

（6）平面 $\triangle ABC$ 垂直于 H 面，则其在 H 面上的投影是_____。

（7）当平面与投影面平行时，其投影反映_____。

2. 平面立体三视图

（1）已知立体的主、俯视图，画出正确的左视图。

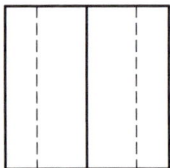

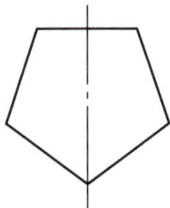

（2）已知立体的主、俯视图，画出正确的左视图。

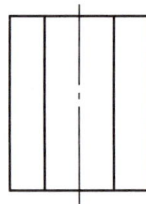

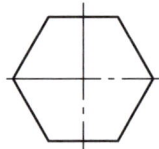

（3）完成平面立体的侧面投影及其表面上点的投影。

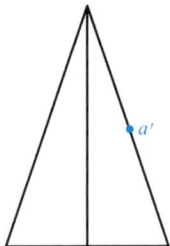

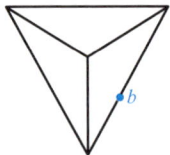

（4）完成平面立体的侧面投影及其表面上线的投影。

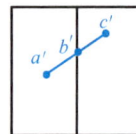

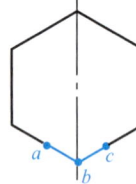

3. 曲面立体三视图

（1）完成圆柱三视图的绘制，找点的三面投影。

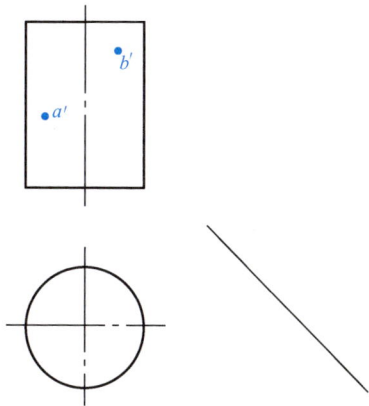

（2）完成圆锥三视图的绘制，找点的三面投影。

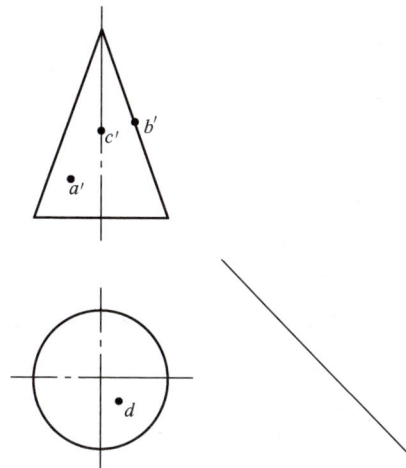

（3）完成圆球三视图的绘制，找点的三面投影。

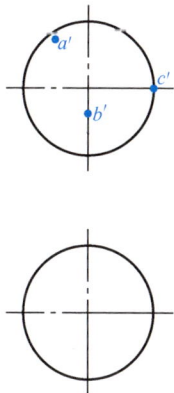

（4）完成圆台三视图的绘制，找点的三面投影。

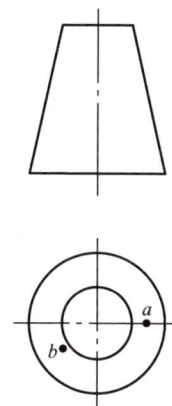

第 3 章 组 合 体

（1）已知圆柱被截切后的主、俯视图，正确的左视图是（　　　）。

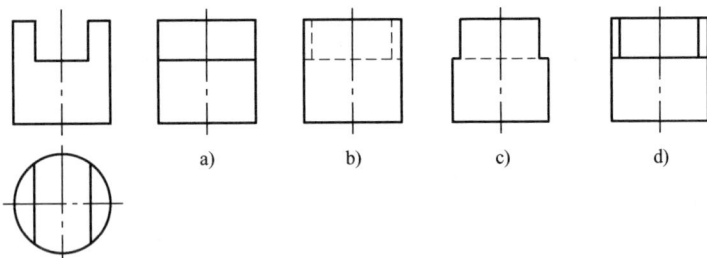

a)　　　　　b)　　　　　c)　　　　　d)

（2）已知圆柱被截切后的主、俯视图，正确的左视图是（　　　）。

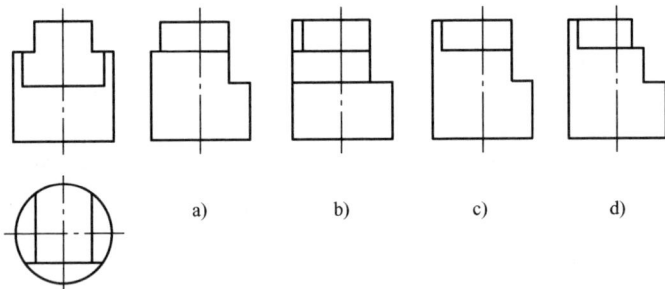

a)　　　　　b)　　　　　c)　　　　　d)

（3）已知轴线正交的圆柱和圆锥具有公切圆球，正确的投影是（　　　）。

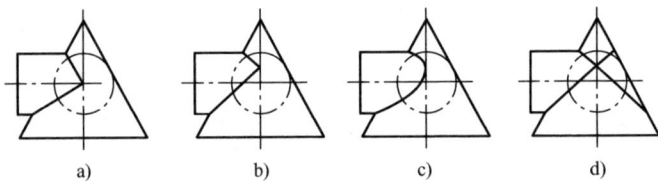

a)　　　　　b)　　　　　c)　　　　　d)

2. 组合体表面交线（一）

（1）画出棱柱的第三面投影，补画出截交线，并整理轮廓线。

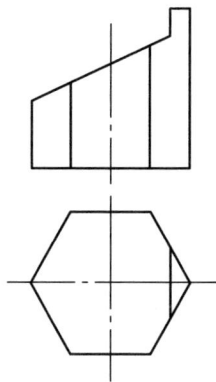

（2）画出被截切圆柱的第三面投影，并整理轮廓线。

（3）画出被截切圆柱的第三面投影，并整理轮廓线。

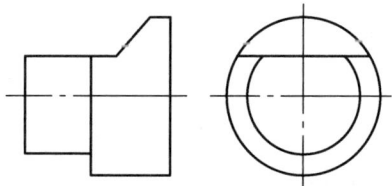

（4）分析圆柱的截交线，补全其三面投影。

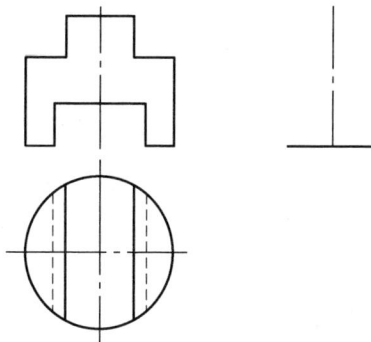

2. 组合体表面交线（二）

（1）分析圆柱截交线，补画三视图。

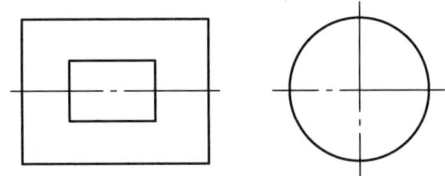

（2）分析圆柱截交线，补画左视图。

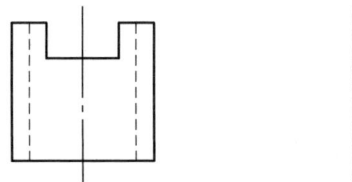

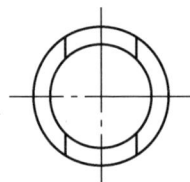

（3）分析圆柱截交线，补画左视图。

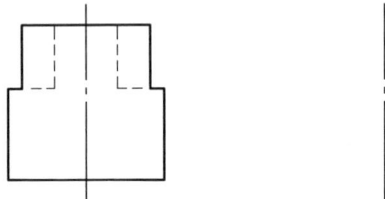

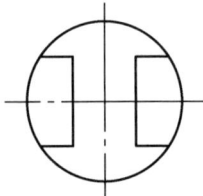

（4）分析圆柱截交线，补画左视图。

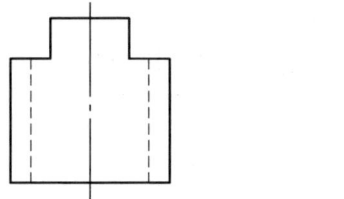

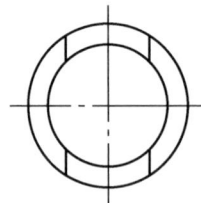

2. 组合体表面交线（三）

（1）补画俯视图。

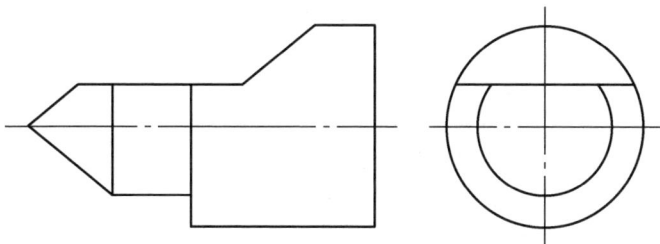

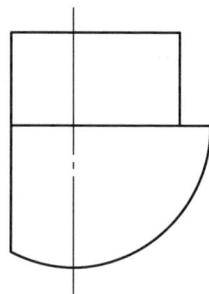

（2）补画左视图。

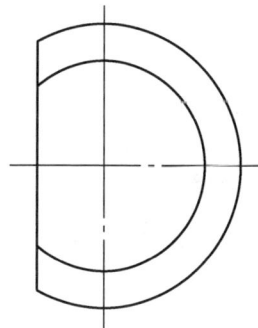

2. 组合体表面交线（四）

（1）补画主视图。

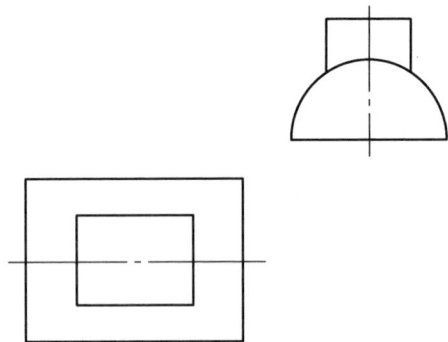

（2）补画三视图所缺的线。

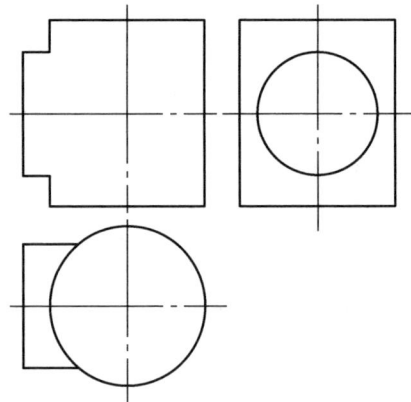

（3）补画三视图所缺的线。

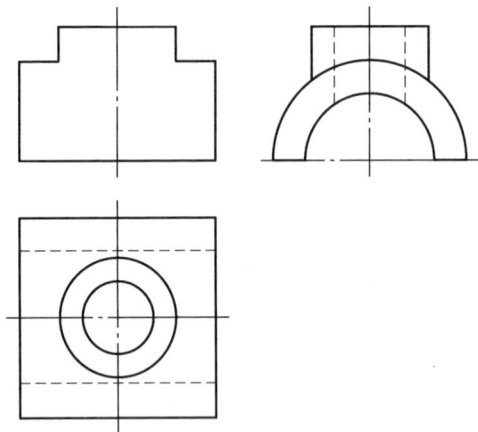

（4）补画三视图所缺的线。

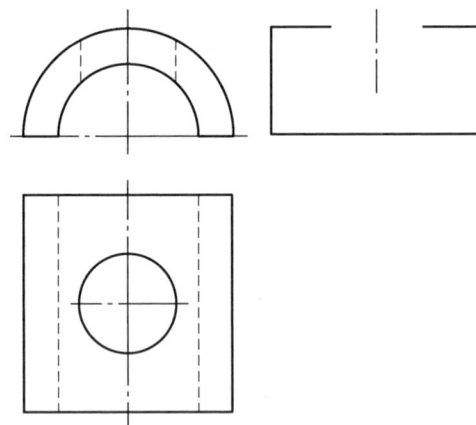

2. 组合体表面交线（五）

（1）用相贯线的近似画法补画相贯线。

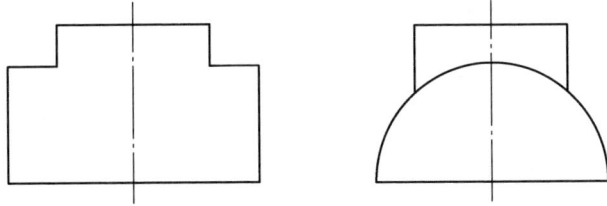

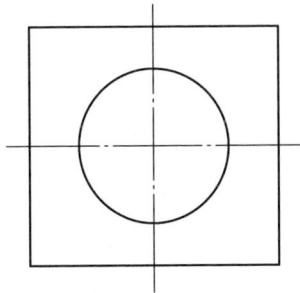

（2）补画三视图所缺的线。

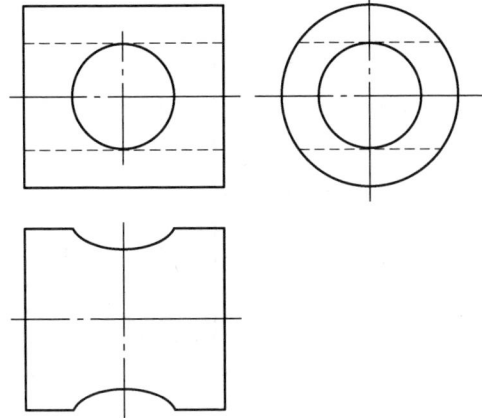

（3）补画三视图所缺的线。

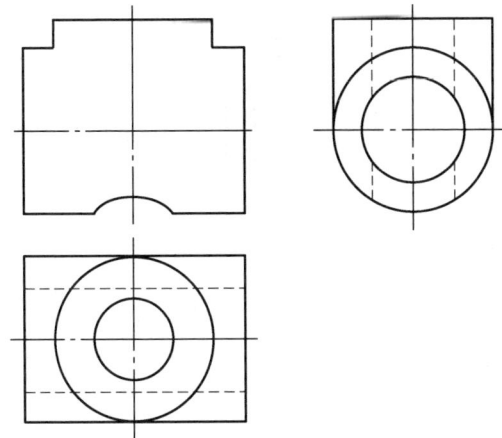

3. 组合体三视图识读（一）

请根据三视图找出对应的立体图，并将序号填入括号中。

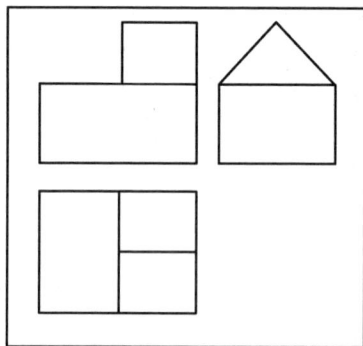

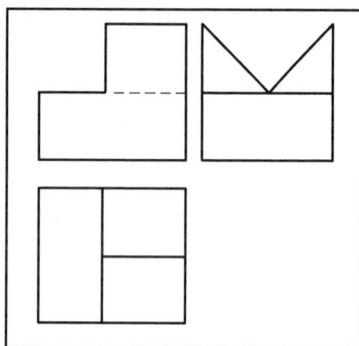

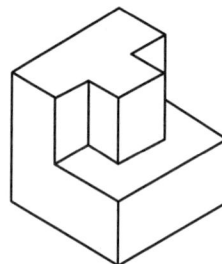

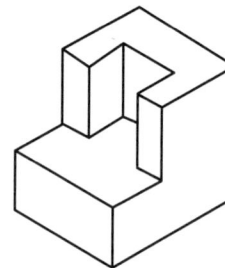

（　　）

（　　）

a)

b)

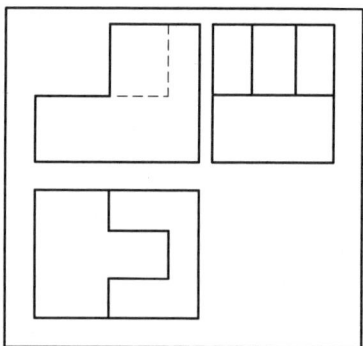

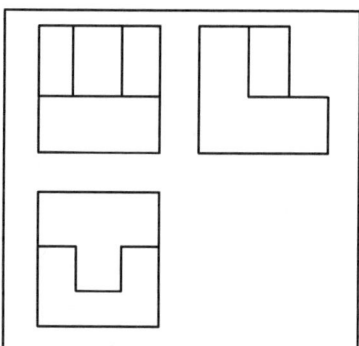

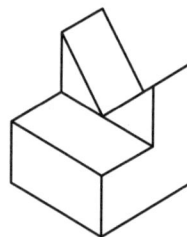

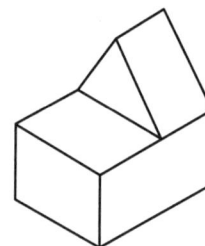

（　　）

（　　）

c)

d)

3. 组合体三视图识读（二）

（1）补画三视图所缺的线。

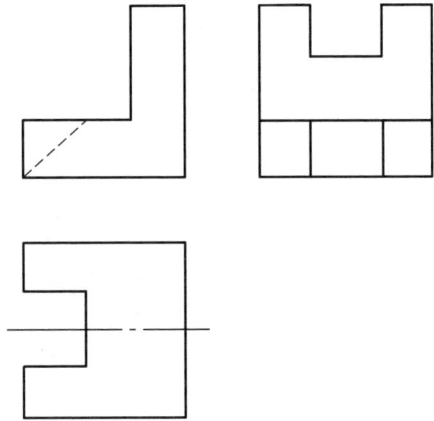

（2）补画俯视图。

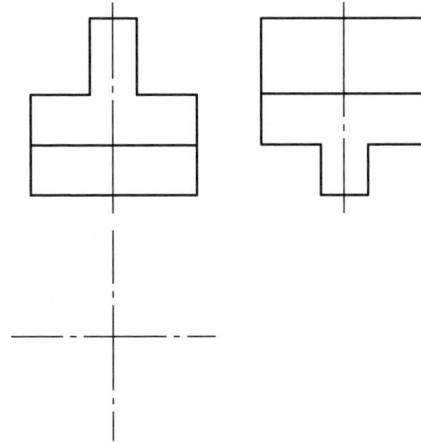

（3）补画三视图所缺的线。

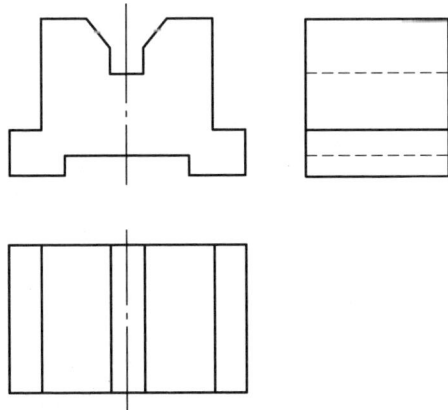

（4）补画主视图。

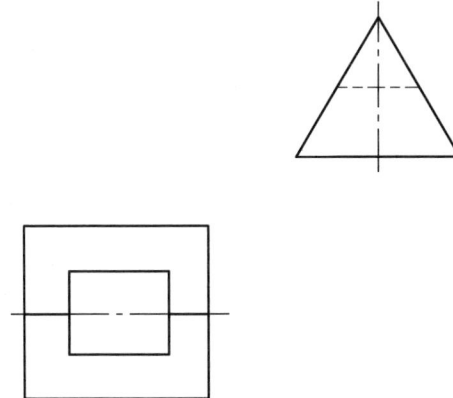

（1）画三视图。

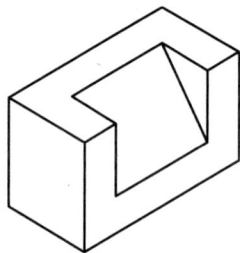

（2）画三视图。

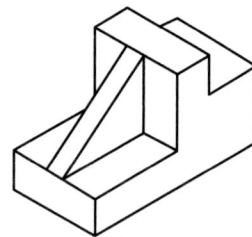

（3）画三视图。

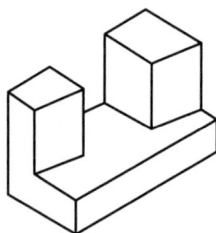

（4）画三视图。

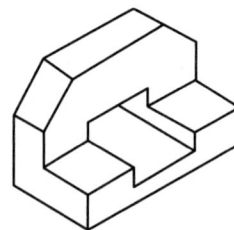

3. 组合体三视图识读（四）

补画三视图所缺的线，并标注尺寸。

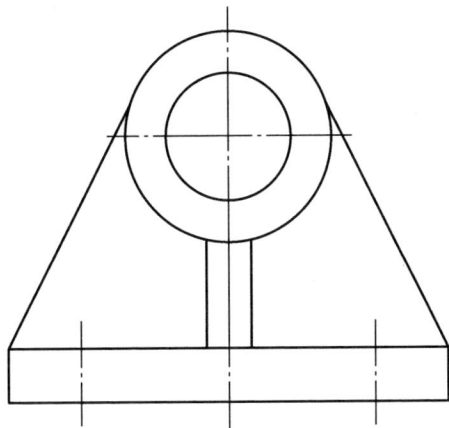

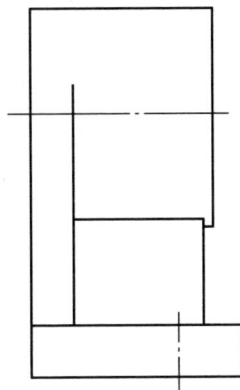

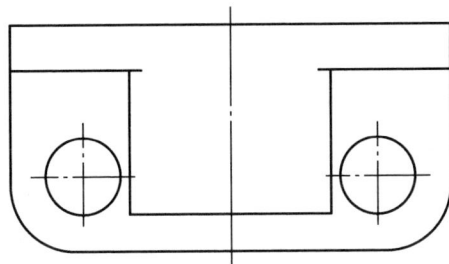

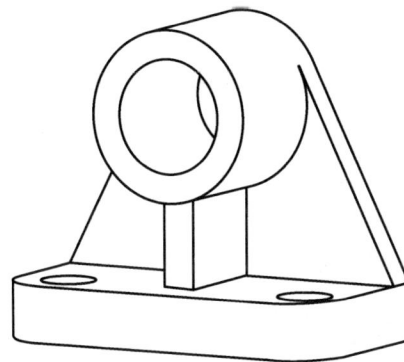

第4章 零件图基本知识

1. 零件的基本表达方法（一）

（1）三视图的投影规律是：主视图与俯视图_____；主视图与左视图_____；俯视图与左视图_____。

（2）将零件的某一部分向基本投影面投射所得到的视图称为_____。

（3）将零件向不平行于任何基本投影面的平面投射所得到的视图称为_____。

（4）按剖切范围的大小来分，剖视图可分为_____、_____及_____三种。

（5）断面图用来表达零件的_____，断面图可分为_____和_____两种。

（6）已知立体的主、俯视图，正确的左视图是（　　　）。

a)　　　　　　b)　　　　　　c)　　　　　　d)

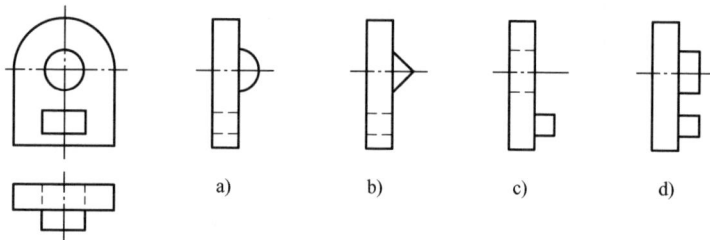

（7）根据主、俯视图，判断哪个是正确的主视图的剖视图。（　　　）

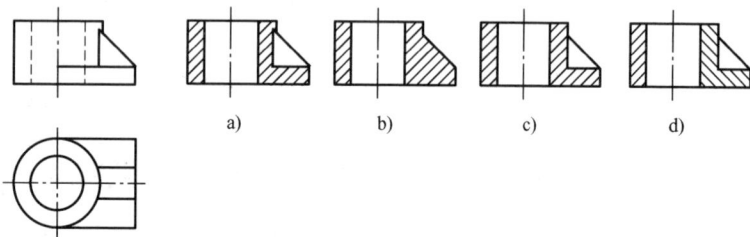

a)　　　　　　b)　　　　　　c)　　　　　　d)

1. 零件的基本表达方法（二）

根据主、俯、左视图补画右、仰、后视图。

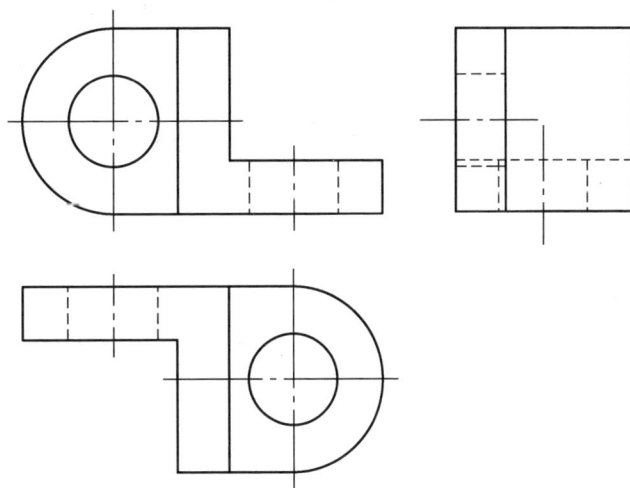

1. 零件的基本表达方法（三）

（1）补画全剖的左视图。

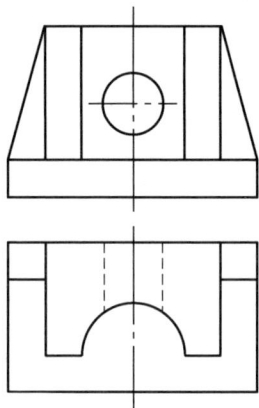

（2）补画全剖的左视图。

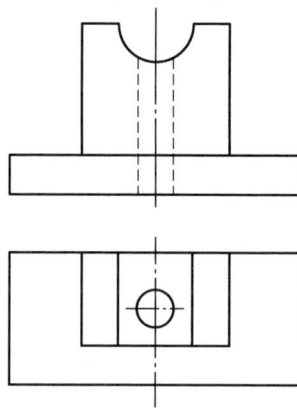

（3）补画剖视图所缺的图线。

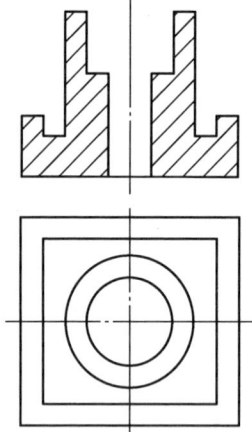

（4）补画剖视图所缺的图线。

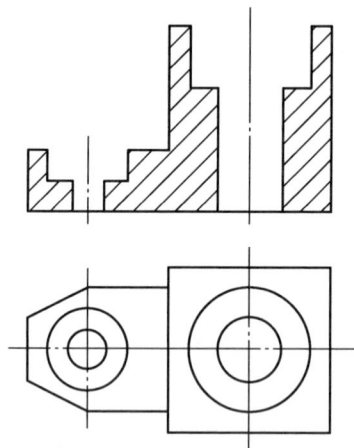

1. 零件的基本表达方法（四）

（1）在指定位置绘制剖视图。

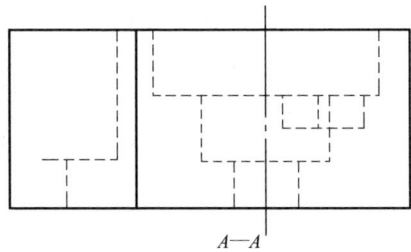

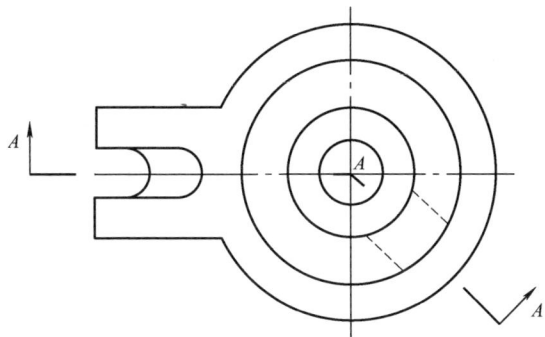

$A—A$

（2）绘制将主视图按指定位置剖切的剖视图。

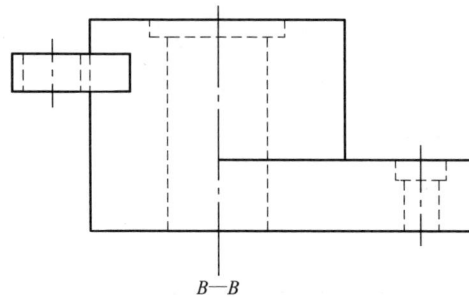

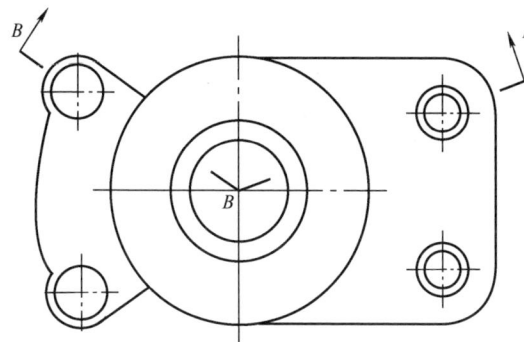

$B—B$

1. 零件的基本表达方法（五）

（1）画出向视图。

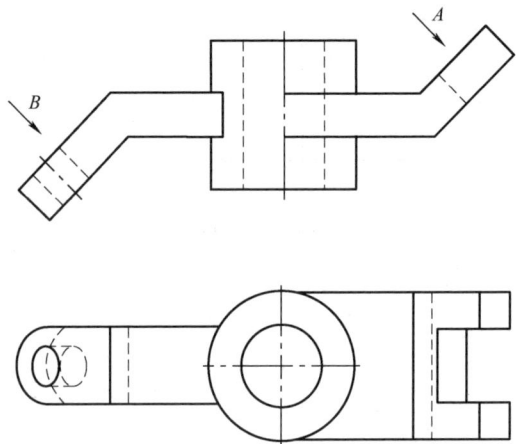

（2）画出向视图。

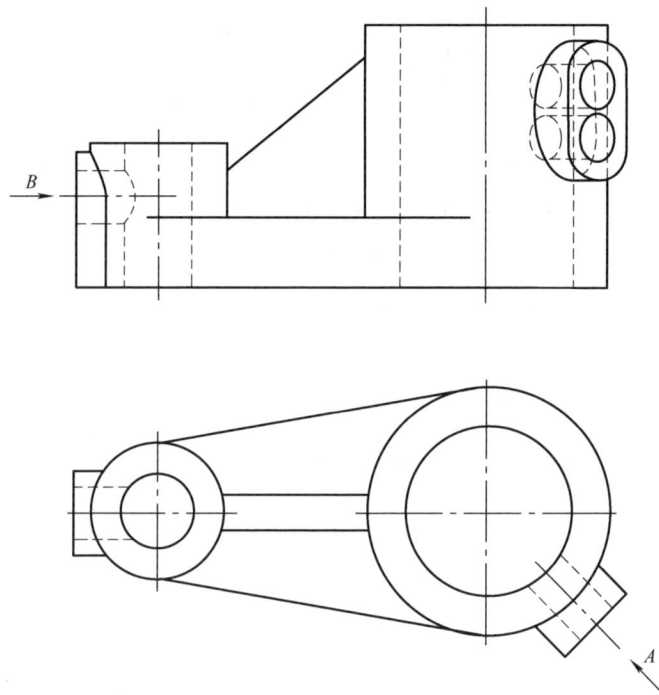

1. 零件的基本表达方法（六）

（1）在指定位置绘制断面图。

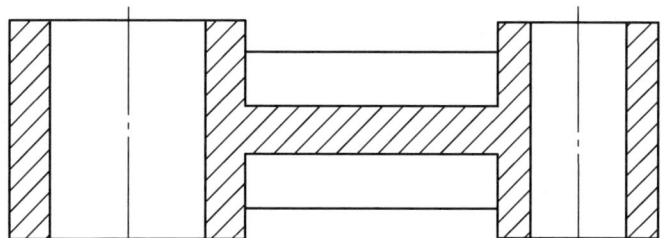

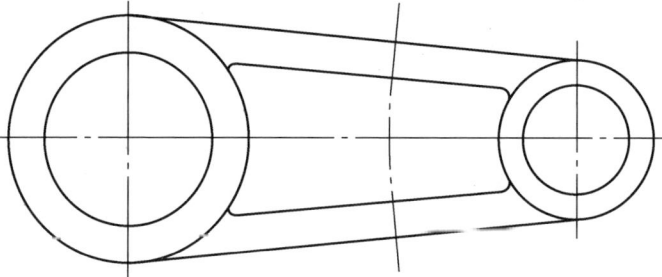

（2）在指定位置绘制断面图（键槽深3mm）。

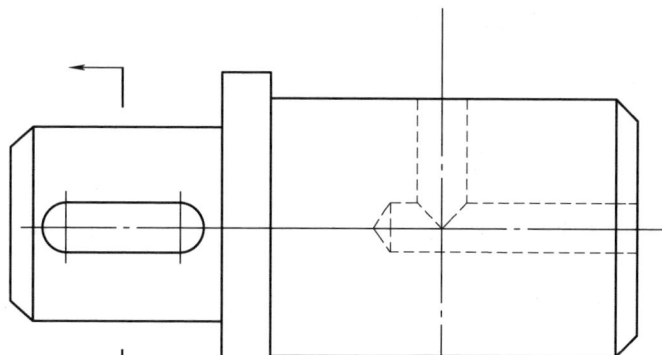

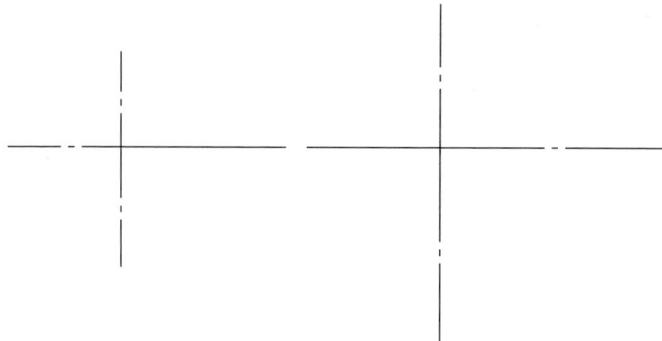

2. 零件的技术要求

（1）标准公差是国家标准所列的用以确定_____的任一公差。

（2）形状公差项目有_____、_____、_____、_____、_____和_____六种。

（3）位置公差项目有_____、_____、_____、_____、_____和_____六种。

（4）公称尺寸相同的、相互结合的孔和轴公差带之间的关系，称为_____。

（5）根据孔和轴之间的配合松紧程度，配合可以分为三类：_____、_____和_____。

（6）$\phi36H8$ 表示：$\phi36$ 是 _____，H8 是_____，其中，H 是_____，8 是_____。

（7）配合的基准制有_____和_____两种。优先选用_____。

（8）表面粗糙度是评定零件 _____的一项技术指标，常用参数是_____，常用数值是_____。其数值越小，表面越 _____；

数值越大，表面越_____。

第 5 章　轴套类零件图绘制与识读

1. 轴零件图识读（一）　　　　　　　　　　班级　　　　姓名　　　　学号

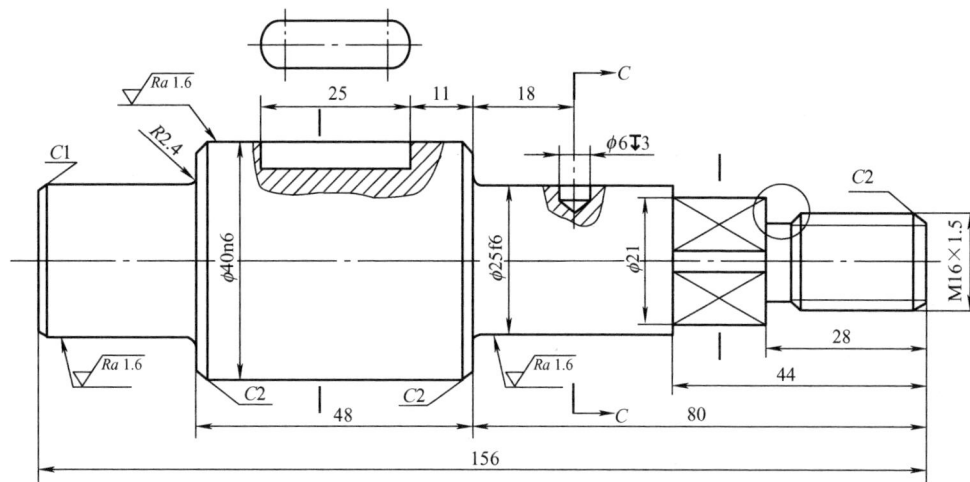

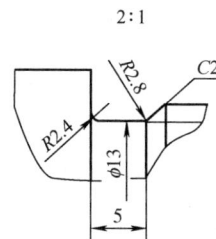

2:1

技术要求
1. 调质处理241~269HBW。
2. 未注圆角R1.5。

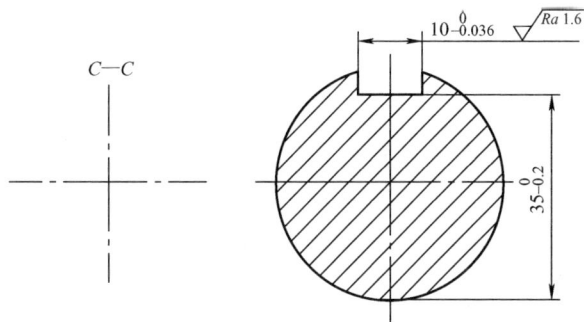

C—C

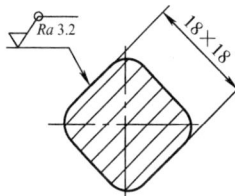

传动轴	材料	45	比例	1:1
	数量	1	图号	
制图	(姓名)	(日期)		
审核	(姓名)	(日期)		

1. 轴零件图识读（二）

识读传动轴零件图，回答下列问题。

（1）该零件采用了哪些表达方式？

（2）找出零件长、宽、高三个方向上的主要尺寸基准。

（3）主视图上的尺寸156、25、11、18、$\phi 6$ 各属于哪类尺寸？

　　　总体尺寸：

　　　定位尺寸：

　　　定形尺寸：

（4）标题栏上方注出的"$\sqrt{Ra\,6.3}$ （$\sqrt{\ }$）"的含义是什么？

（5）$\phi 25\text{f}6$ 的上极限偏差是_____；下极限偏差是_____；上极限尺寸是_____；下极限尺寸是_____；公差是_____。

（6）在图中作出 C—C 处的移出断面图。

2. 轴类零件图绘制（一）

按实际测量尺寸标注尺寸。

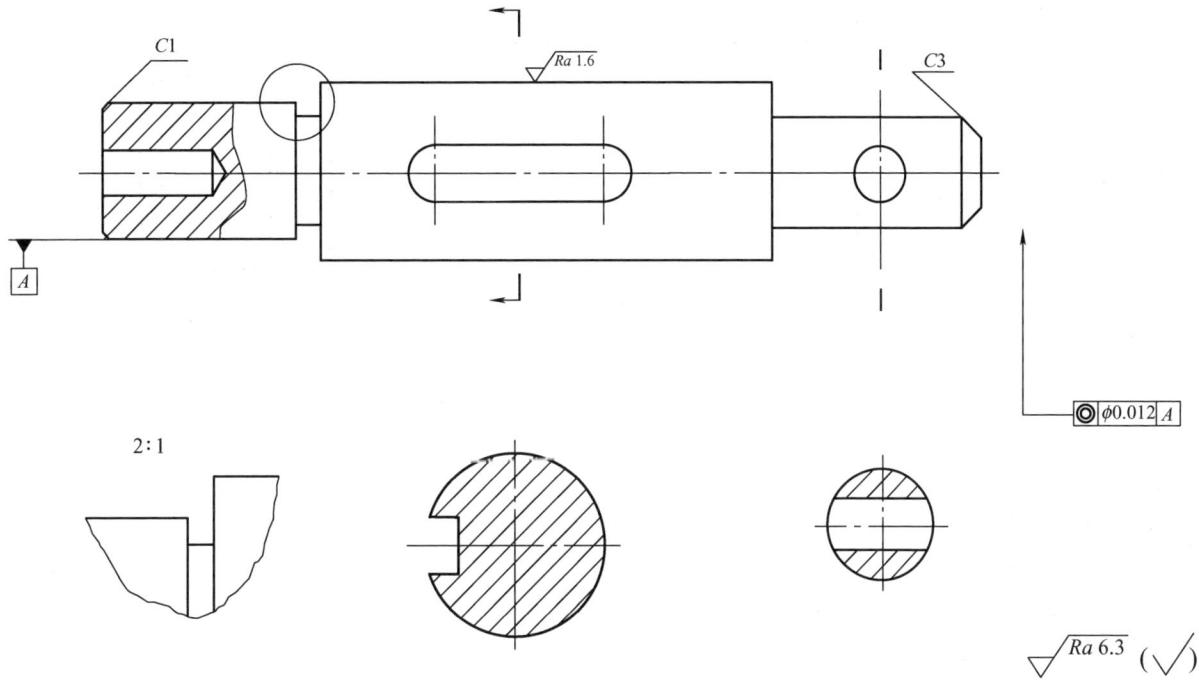

$C1$

$\sqrt{}$ *Ra* 1.6

$C3$

A

2：1

$\odot$ $\phi 0.012$ A

$\sqrt{}$ *Ra* 6.3 ($\sqrt{}$)

2. 轴类零件图绘制（二）

作出轴上平面（前后对称）、不通孔、键槽（左边键槽深6mm，右边键槽深4mm）处的移出断面图。

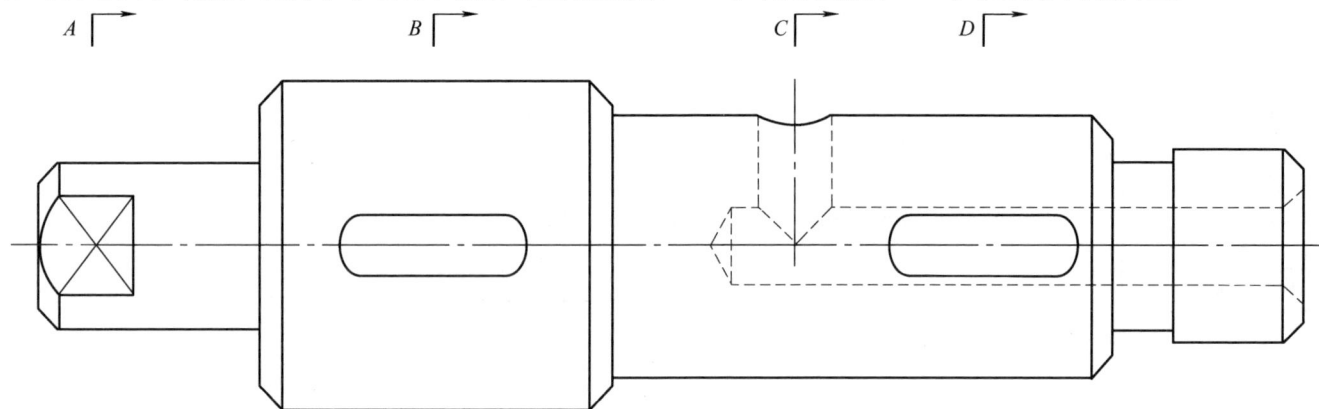

A—A　　　　　　　B—B　　　　　　　C—C　　　　　　　D—D

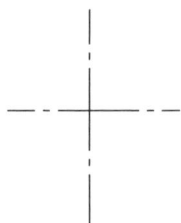
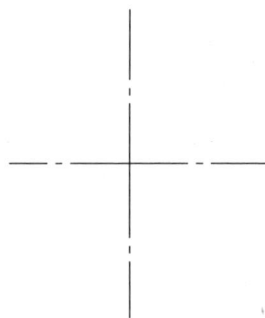
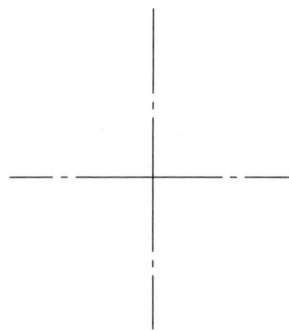
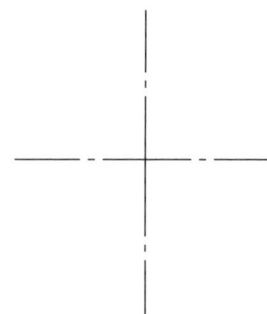

第 6 章　轮盘类零件图绘制与识读

1. 轮盘类零件图识读

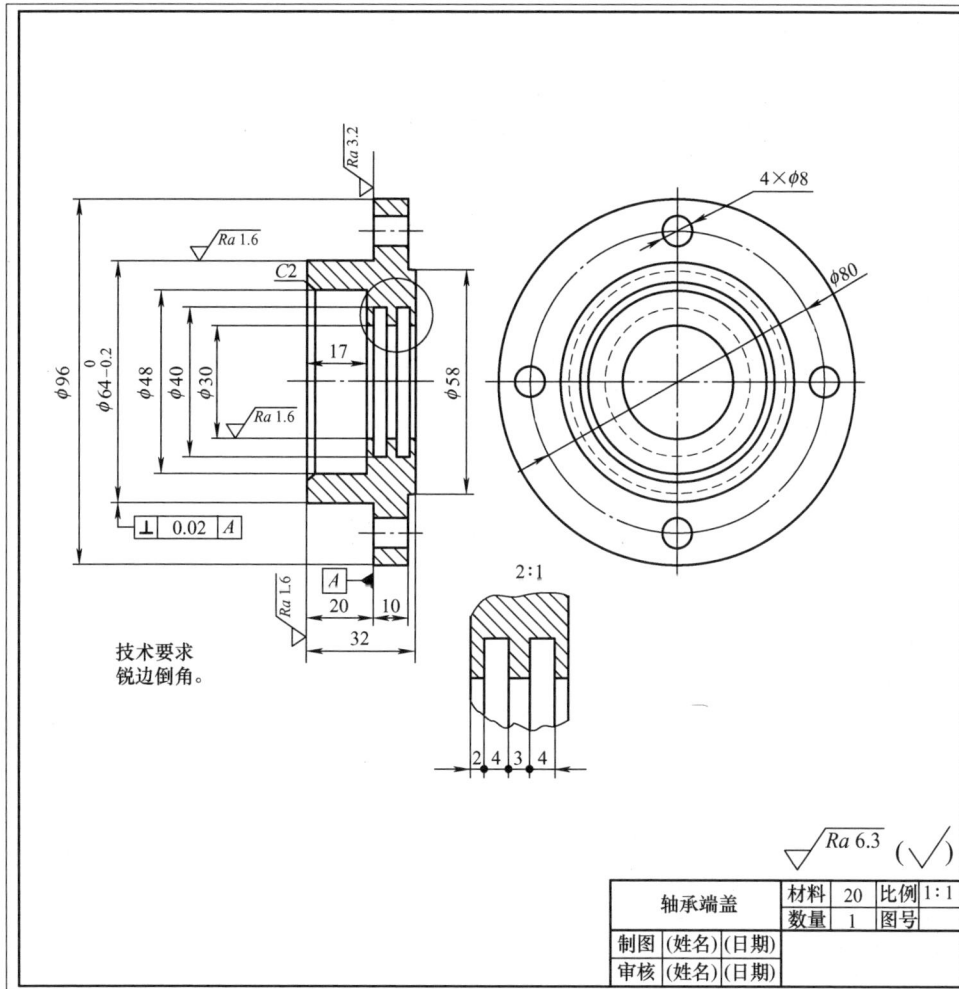

读图完成问题：

（1）该零件采用了哪些表达方式？

（2）图中 $4 \times \phi 8$ 的意义是什么？

（3）解释标注中"$\boxed{\perp}\ \boxed{0.02}\ \boxed{A}$"的含义：

（4）局部放大图中标注的尺寸为何尺寸？

（5）指出图中绘制基准线：

（6）定位尺寸：

（7）定形尺寸：

轴承端盖	材料	20	比例	1 : 1
	数量	1	图号	
制图	(姓名)	(日期)		
审核	(姓名)	(日期)		

2. 轮盘类零件图绘制

模数 m	2
齿数 z	40
压力角 α	20°

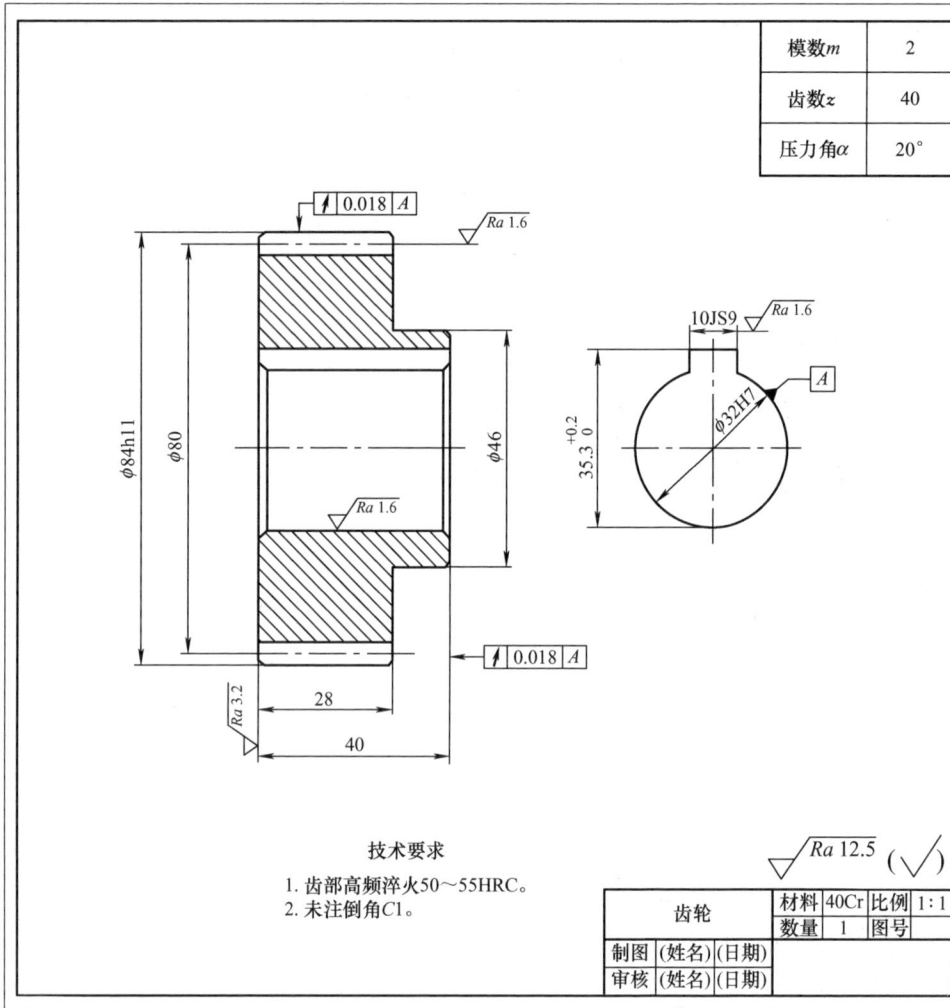

技术要求
1. 齿部高频淬火50～55HRC。
2. 未注倒角C1。

齿轮	材料	40Cr	比例	1:1
	数量	1	图号	
制图	(姓名)	(日期)		
审核	(姓名)	(日期)		

读图完成问题：

（1）计算。

分度圆半径 $r =$

齿顶圆半径 $r_a =$

齿根圆半径 $r_f =$

齿高 $h =$

（2）齿轮压力角的意义是什么？

（3）解释标注中"$\boxed{\!\!\not\!\! /\,|\,0.018\,|\,A}$"的含义。

第7章 叉架类零件图绘制与识读

1. 叉架类零件图识读

读图完成问题：

（1）该零件采用了哪些表达方式？

（2）图中 $\dfrac{2\times\phi15}{\llcorner\phi28\downarrow3}$ 的意义是什么？

（3）思考该件的加工方式。

（4）图中的螺纹孔 M10 – 6H 的定位尺寸是多少？

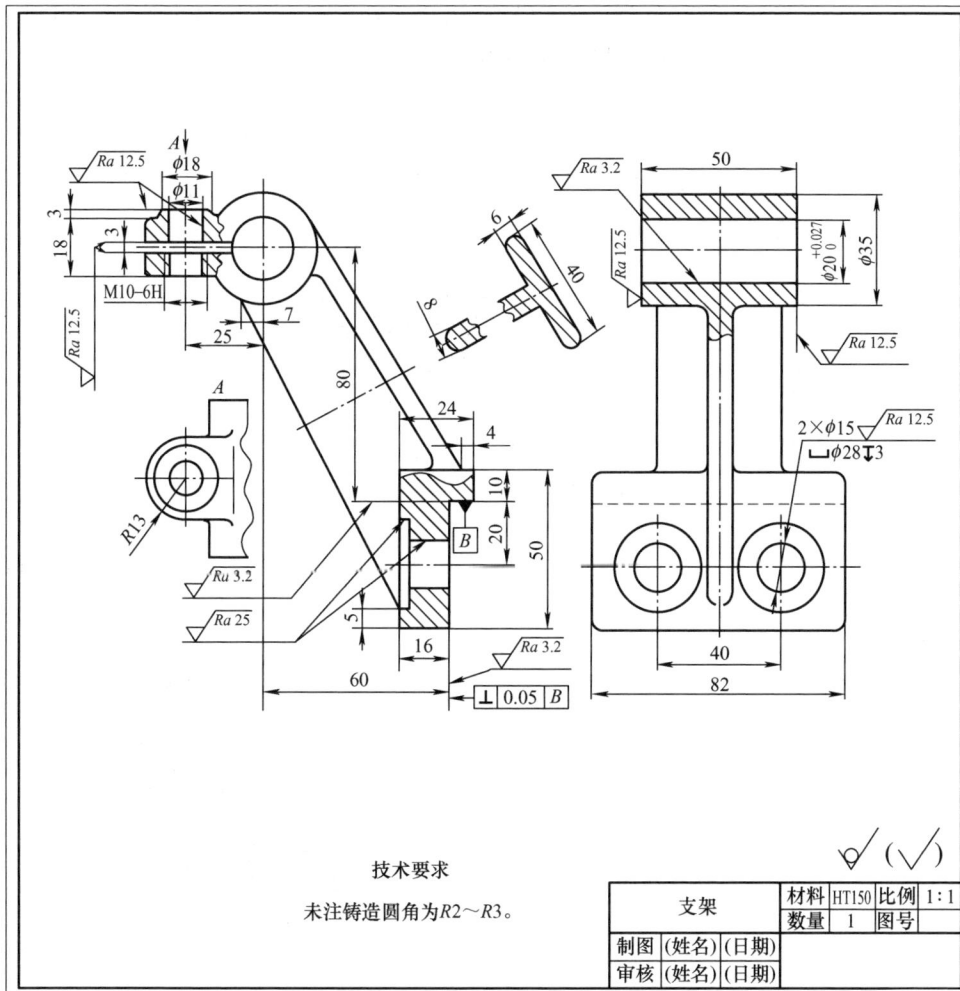

技术要求

未注铸造圆角为R2～R3。

支架	材料	HT150	比例	1：1
	数量	1	图号	
制图	(姓名)	(日期)		
审核	(姓名)	(日期)		

2. 叉架类零件图绘制

（1）完成视图尺寸标注。

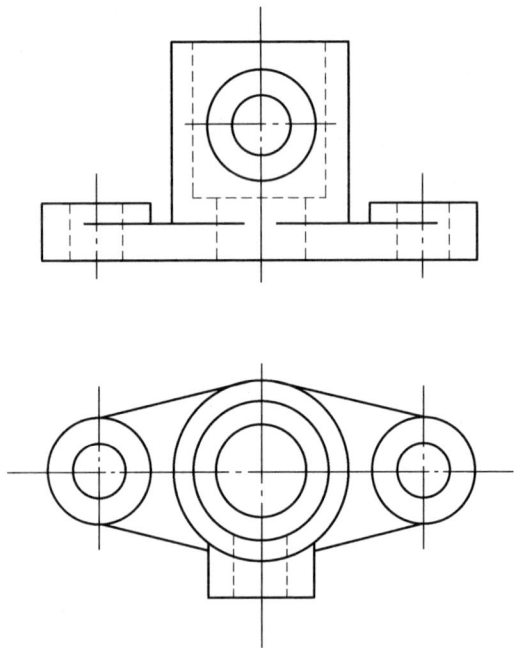

（2）根据主视图和轴测图，补画局部视图和向视图，将机件形状表达清楚（比例为 1:1）。

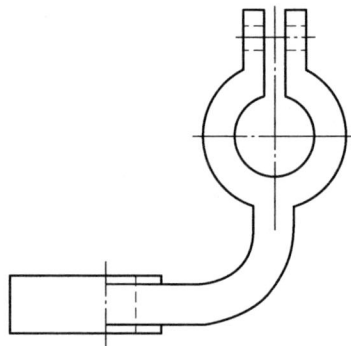

第8章 箱体类零件图绘制与识读

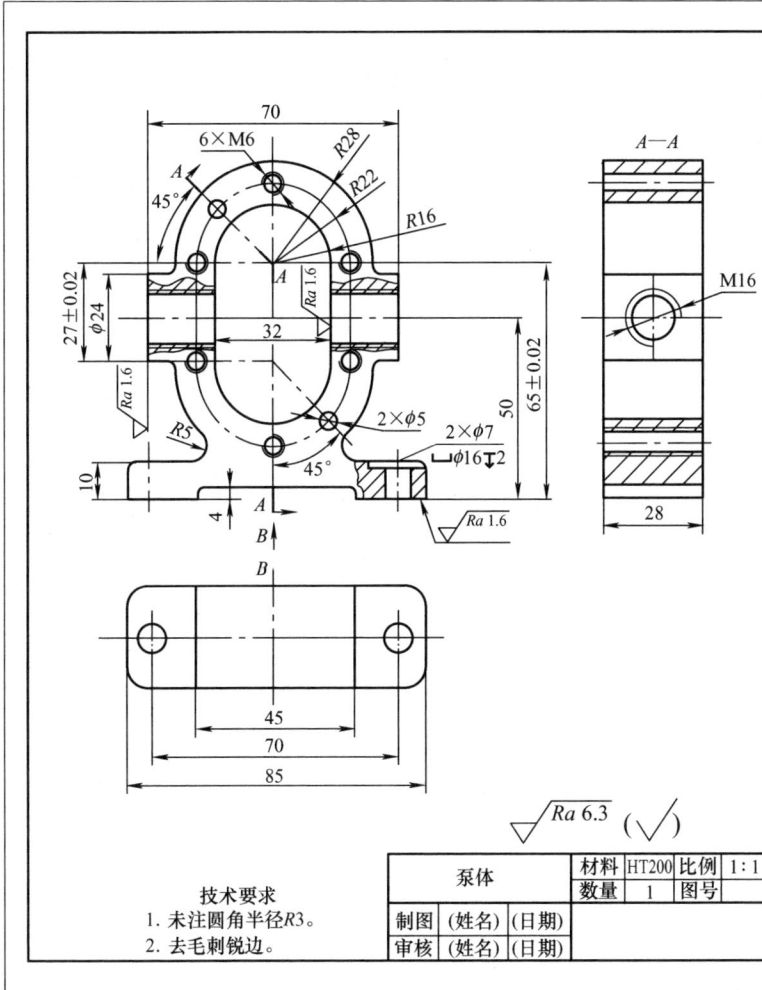

读图完成问题：

（1）该零件采用了哪些表达方式？

（2）图中 $2 \times \phi5$ 孔的作用是什么？

（3）图中 $\frac{2 \times \phi7}{\llcorner\phi16 \overline{\underline{\text{T}}} 2}$ 的意义是什么？

（4）图中 B 向视图反映的是什么结构？

	泵体	材料	HT200	比例	1:1
		数量	1	图号	
制图	(姓名)	(日期)			
审核	(姓名)	(日期)			

技术要求
1. 未注圆角半径R3。
2. 去毛刺锐边。

$\sqrt{Ra\,6.3}$ $(\sqrt{})$

第9章　标准件与常用件

1. 螺纹及螺纹紧固件（一）

班级　　　姓名　　　学号

螺纹的基本知识（形成、分类、基本要素）：

（1）螺纹的五要素是_____、_____、_____、_____及_____。只有当内、外螺纹的五要素_____时，它们才能互相旋合。

（2）_____是在圆柱或圆锥表面上，沿着螺旋线形成的具有特定断面形状的连续凸起和沟槽。在圆柱或圆锥外表面上所形成的螺纹为_____，在圆柱或圆锥内表面上所形成的螺纹为_____。

（3）外螺纹的规定画法是：大径用_____表示，小径用_____表示，终止线用_____表示。在剖视图中，内螺纹的大径用_____表示，小径用_____表示，终止线用_____表示。不可见螺纹孔，其大径、小径和终止线都用_____表示。内、外螺纹旋合时，其旋合处应按_____绘制。

（4）粗牙普通螺纹，大径为24mm，螺距为3mm，中径公差带代号为6g，左旋，中等旋合长度，其螺纹代号为_____。

（5）螺纹 Tr32×6 – 7e：Tr 表示_____螺纹；公称直径为____；螺距为_____；中径公差带代号为_____；旋向是_____；线数是_____。

（6）画粗牙普通外螺纹并标注。公称直径为20mm，螺距为2.5mm，单线，右旋，中径、顶径公差带代号分别为5g、6g，长旋合长度。

（7）M20 的通孔细牙内螺纹，单线，右旋，螺距为2.0mm，两端孔口倒角 C1.5，画出视图并标注。

1. 螺纹及螺纹紧固件（二）

（1）指出下图中的错误，并将正确的图画在指定位置。

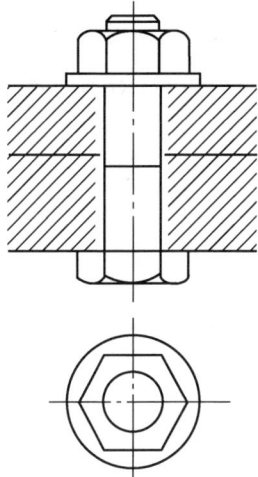

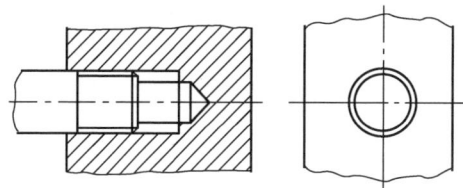

（2）改正螺柱联接图中的错误。

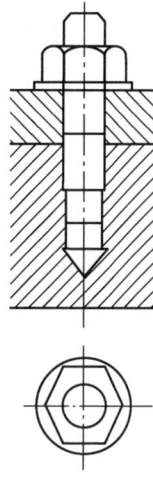

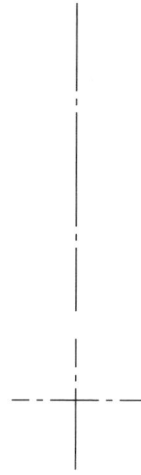

（3）分析下列螺纹视图，正确的打"√"，错误的打"×"。

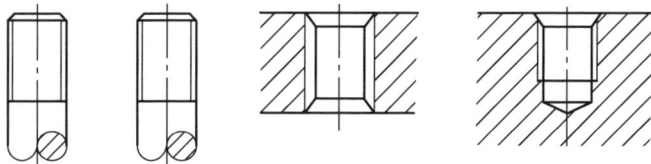

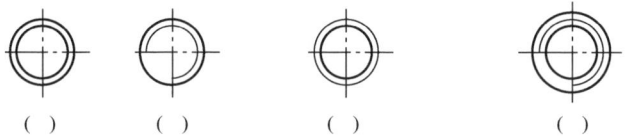

（　）　　　　（　）　　　　（　）　　　　（　）

（4）指出下图中的错误，并将止确的图画在指定位置。

1. 螺纹及螺纹紧固件（三）

（1）按照 1:2 的比例画法画螺栓联接的三视图（主视图画成全剖视图，俯、左视图画外形图）。已知：螺栓 GB/T 5782 M20 × 80，螺母 GB/T 6179 M20，垫圈 GB/T 97.1 20 A2，板厚 δ_1 = 20mm，δ_2 = 25mm。

（2）画出螺柱联接的两视图（主视图画成全剖视图）。已知：螺柱 GB/T 898 M20 × 100，螺母 GB/T 6170 M20，垫圈 GB/T 93 20，光孔件厚度 δ = 20mm，螺孔件材料为铸铁。

2. 键和销

（1）常用键的种类有 _____、_____ 和 _____ 三种。

（2）键是标准件，其主要作用是联接 _____ 和

_____。

（3）销用作零件间的 _____。常用销的种类有

_____、_____ 和 _____。

（4）在指定位置画出剖视图（键槽深 3mm）。

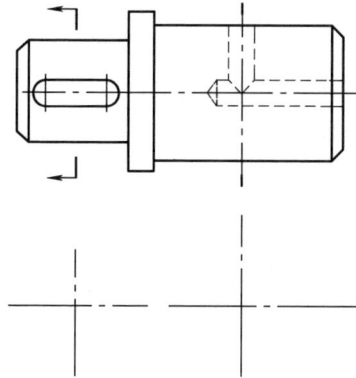

（5）补画半圆键联接轴和轮毂中的漏线。

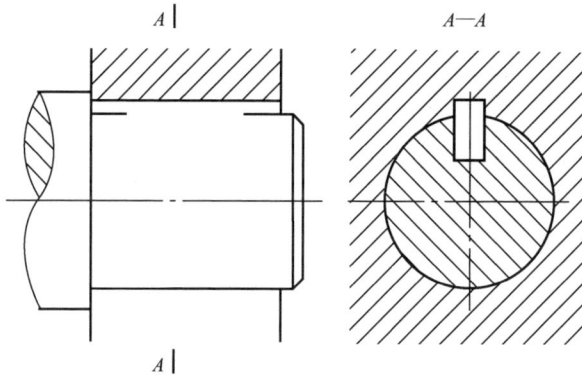

（6）画出用 $\phi 8$ 圆锥销联接工件 1、2 的图形。

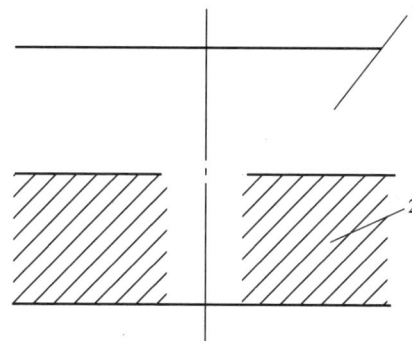

3. 滚动轴承和弹簧

（1）轴承是用来 ＿＿＿ 轴的。滚动轴承分为 ＿＿＿、＿＿＿＿ 和 ＿＿＿＿＿＿ 三类。

（2）轴承代号 6208 指该轴承类型为 ＿＿＿＿＿＿，其尺寸系列代号为 ＿＿＿＿＿＿，内径为 ＿＿＿＿＿＿。

（3）轴承代号 30205 是 ＿＿＿＿＿＿＿＿＿ 轴承，其尺寸系列代号为 ＿＿＿＿＿＿＿＿＿，内径为 ＿＿＿＿＿＿。

（4）弹簧主要用于 ＿＿＿＿＿＿、＿＿＿＿＿＿、＿＿＿＿＿＿ 等。常见的弹簧有 ＿＿＿＿＿＿、＿＿＿＿＿＿ 和 ＿＿＿＿＿＿。

（5）圆柱螺旋弹簧按承受载荷不同可分为 ＿＿＿＿＿＿＿＿＿、＿＿＿＿＿＿＿＿＿ 和 ＿＿＿＿＿＿＿。

（6）弹簧中间节距相同的部分圈数称为 ＿＿＿＿＿＿。

（7）弹簧的旋向分为 ＿＿＿＿＿＿＿ 和 ＿＿＿＿＿＿＿ 两种。

（8）解释轴承 6304 的含义，并画出其与孔和轴的装配结构。

（9）检查轴承规定画法和通用画法中的错误，在右侧画出正确的视图。

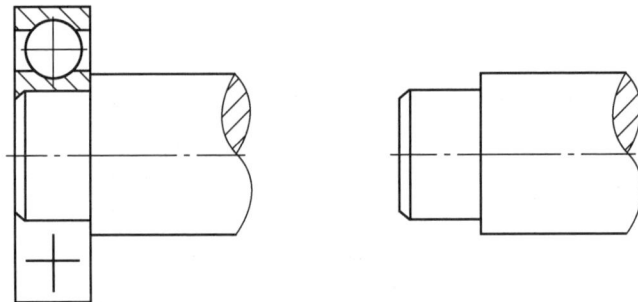

第 10 章　装配图

装配图识读（一）　　　　　　　　班级　　　　姓名　　　　学号

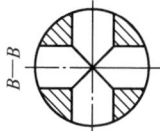
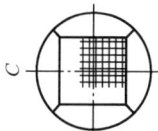

B—B　　*C*

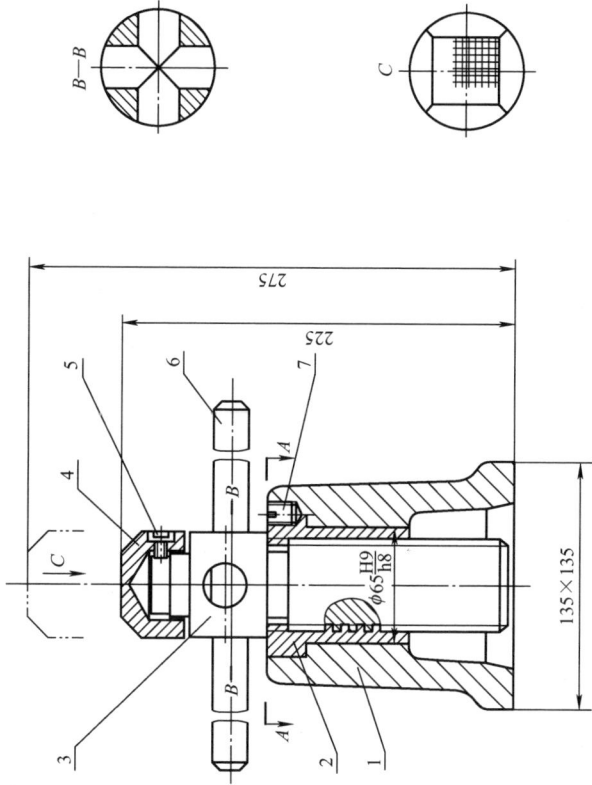

275
225
135×135
$\phi 65\frac{H9}{h8}$

5　6　7　4　3　2　1

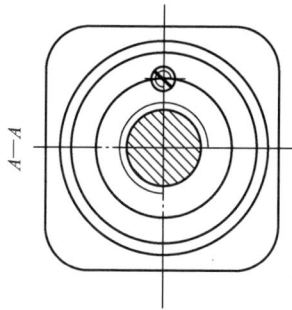

A—A

技术要求

1. 部件的顶举高度为50mm，顶举重力为10000N。
2. 螺杆与底座的垂直度公差为0.1mm。
3. 螺钉(件7)的螺钉孔在装配时加工。

序号	名称	数量	材料	备注
7	螺钉JM12×16	1	35	
6	横杆	1	45	
5	螺钉JM12×14	1	35	
4	顶垫	1	Q235	
3	螺杆	1	45	
2	螺套	1	HT200	
1	底座	1	HT150	

螺旋千斤顶

比例		设计单位
件数		

制图		
描图		
审核		

装配图识读（一）   班级   姓名   学号

读螺旋千斤顶装配图，完成如下问题：

（1）该装配体的名称为_____，由_____个零件组成。其表达方法是：主视图中采用了_____和_____，俯视图采用了_____，另外还有一个_____图和一个_____图。

（2）主视图上方的细双点画线是_____画法，件6横杆采用了_____画法。

（3）图中尺寸225和275是_____尺寸，表示千斤顶的高度行程是_____。

（4）件2螺套与件3螺杆为_____联接，其作用是将螺杆的_____运动转变为_____运动。

（5）螺旋千斤顶的顶举重力是_____，与件7旋合的螺孔在_____时加工。

（6）简述螺旋千斤顶的工作原理：

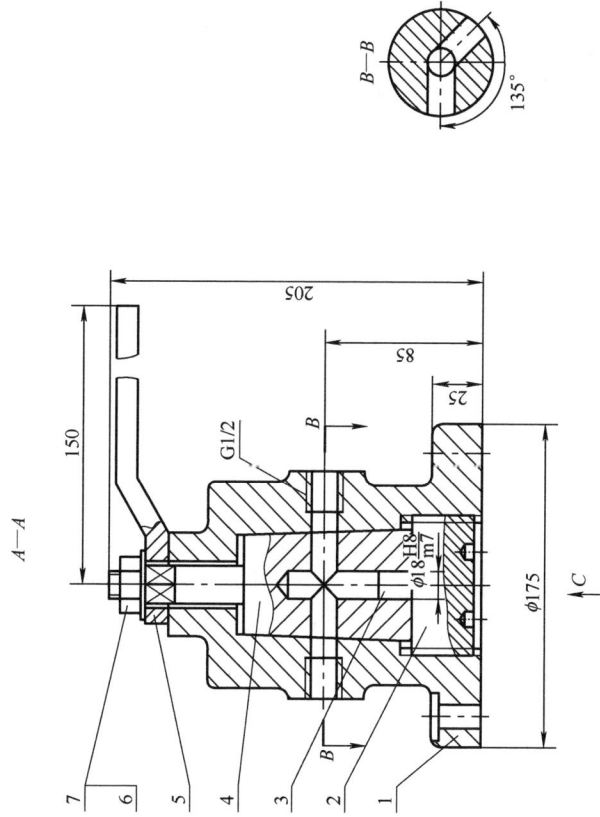

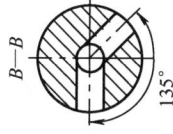

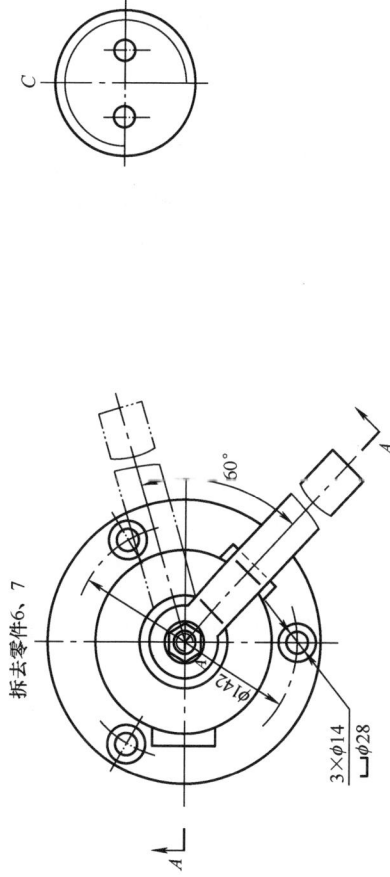

技术要求

件4阀芯与件1阀座的锥面需配合研磨。

序号	名称	数量	材料	备注
7	螺母M20	1		
6	垫圈	1		
5	扳手	1	HT200	
4	阀芯	1	ZCuSn5Pb5Zn5	
3	堵头	1	Q235	
2	螺塞	1	Q235	
1	阀座	1	HT200	

折角阀

		比例	设计单位
制图		件数	
描图			
审核			

A—A

205
85
25
150
G1/2
φ18 H8/m7
φ175

B—B
135°

拆去零件6、7
60°
φ142
3×φ14
⌴φ28

C

装配图识读（二）　　　　班级　　姓名　　学号

读折角阀装配图，完成如下问题：

（1）折角阀由__个零件组成，其中标准件有__个。

（2）折角阀的主视图采用了________________画法，其中扳手（件 5）采用了____画法。

（3）俯视图采用了____画法，其中的细双点画线是一种____画法，表示______________________。

（4）图中的 *B*—*B* 是______________________图，主要表达______________________。

（5）*C* 向视图是__________________图，表示_________________；图形中两个小圆孔的作用是________________。

（6）螺塞（件 2）与阀座（件 1）是______联接，扳手（件 5）与阀芯（件 4）是______联接。

（7）按装配图的尺寸分类，图中 G1/2 是______尺寸，ϕ142 是______尺寸，205 是______尺寸。

（8）$\phi 18\frac{H8}{m7}$是______尺寸，表示堵头（件 3）与阀芯（件 4）是______制的______配合。

参 考 答 案

第1章 制图基本知识

1. 字体练习   班级   姓名   学号

机 械 制 图 计 算 机 绘 图 遵 守 国 家 标 准 正 投 影 法 三 视 图

机 械 制 图 计 算 机 绘 图 遵 守 国 家 标 准 正 投 影 法 三 视 图

机 械 制 图 计 算 机 绘 图 遵 守 国 家 标 准 正 投 影 法 三 视 图

机 械 制 图 计 算 机 绘 图 遵 守 国 家 标 准 正 投 影 法 三 视 图

剖 视 图 断 面 图 螺 纹 齿 轮 键 销 弹 簧 滚 动 轴 承 技 术 要 求 表 面 结 构 公 差

剖 视 图 断 面 图 螺 纹 齿 轮 键 销 弹 簧 滚 动 轴 承 技 术 要 求 表 面 结 构 公 差

剖 视 图 断 面 图 螺 纹 齿 轮 键 销 弹 簧 滚 动 轴 承 技 术 要 求 表 面 结 构 公 差

剖 视 图 断 面 图 螺 纹 齿 轮 键 销 弹 簧 滚 动 轴 承 技 术 要 求 表 面 结 构 公 差

0 1 2 3 4 5 6 7 8 9   A B C D E F G H I J K L M N O P Q R S T U V W X Y Z

0 1 2 3 4 5 6 7 8 9   A B C D E F G H I J K L M N O P Q R S T U V W X Y Z

0 1 2 3 4 5 6 7 8 9   A B C D E F G H I J K L M N O P Q R S T U V W X Y Z

0 1 2 3 4 5 6 7 8 9   A B C D E F G H I J K L M N O P Q R S T U V W X Y Z

2. 线型练习　　　　　　　　　　班级　　　姓名　　　学号

细实线

粗实线

细虚线

粗虚线

细点画线

粗点画线

细双点画线

双折线

波浪线

细实线

粗实线

细虚线

粗虚线

细点画线

粗点画线

细双点画线

双折线

波浪线

细实线

粗实线

细虚线

粗虚线

细点画线

粗点画线

细双点画线

双折线

波浪线

3. 尺寸标注练习（尺寸数值按 1：1 的比例从图中量取）（一）　　　　班级　　姓名　　学号

（1）标注尺寸数字。

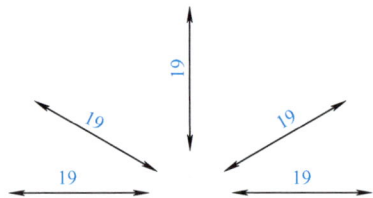

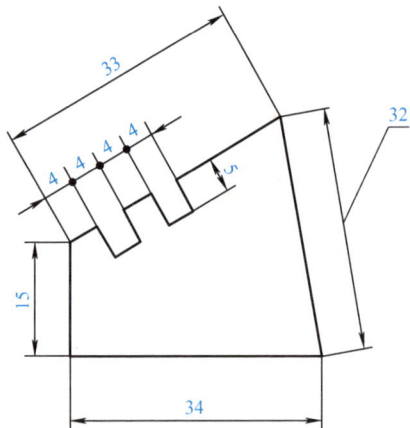

（2）标注圆和圆弧尺寸。

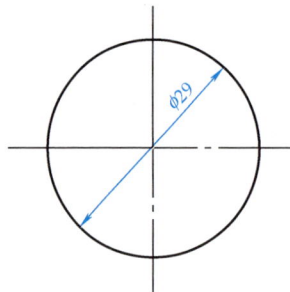

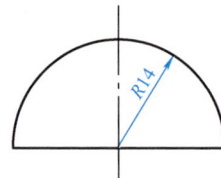

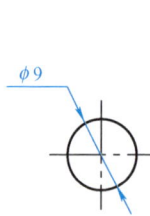

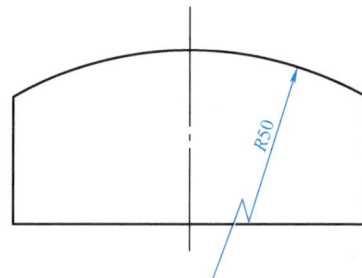

3. 尺寸标注练习（尺寸数值按 1∶1 的比例从图中量取）（二）　　班级　　姓名　　学号

（1）

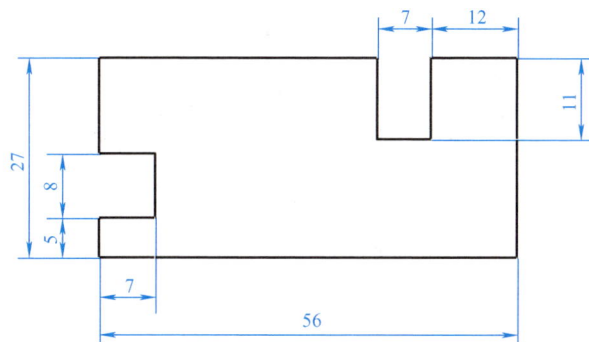

（2）

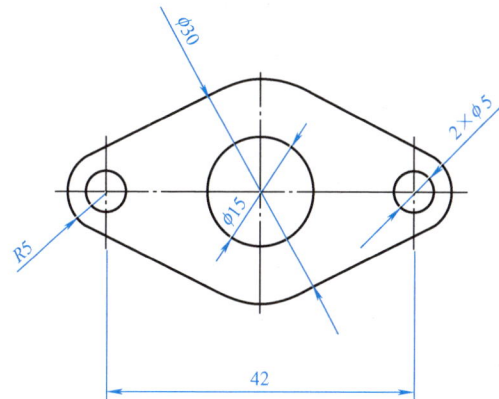

（3）

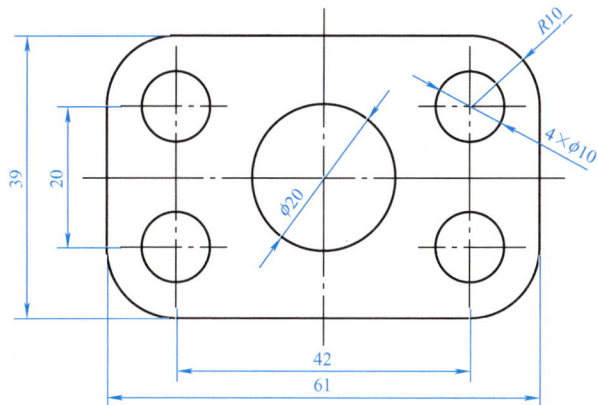

（4）

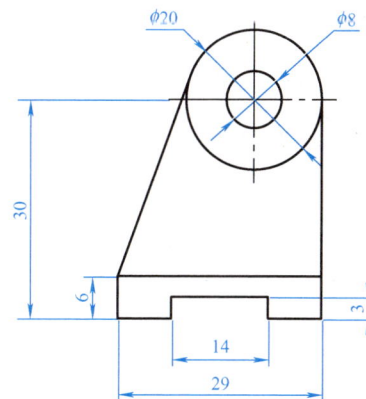

4. 斜度和锥度

（1）斜度（按实际尺寸绘制）。

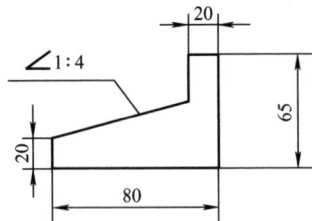

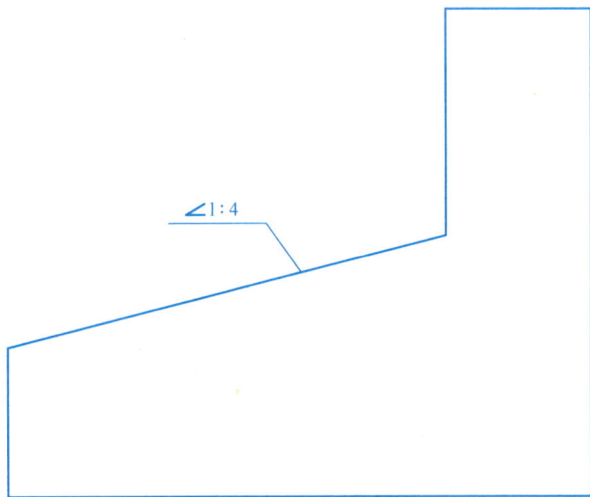

（2）锥度（按实际尺寸绘制）。

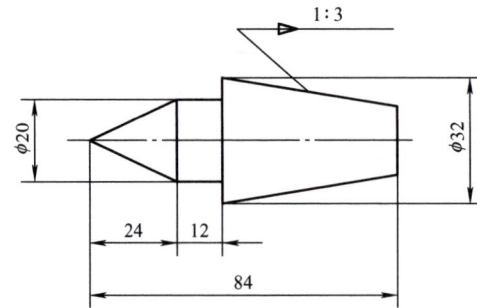

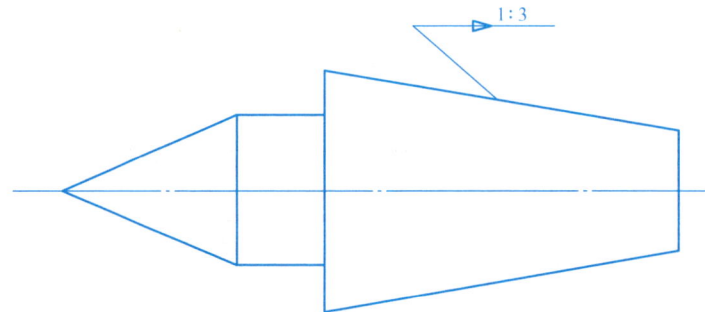

5. 等分线段、等分圆、绘制平面图形

（1）对下面的线段进行六等分。

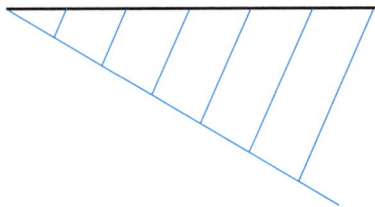

（2）对下面的圆进行五等分。

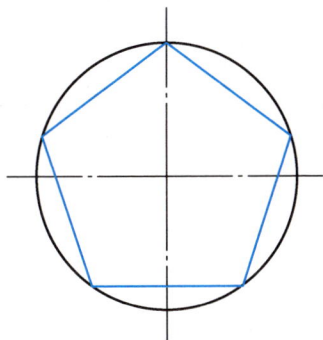

（3）在下面空白处绘制平面图形（按实际尺寸绘制）。

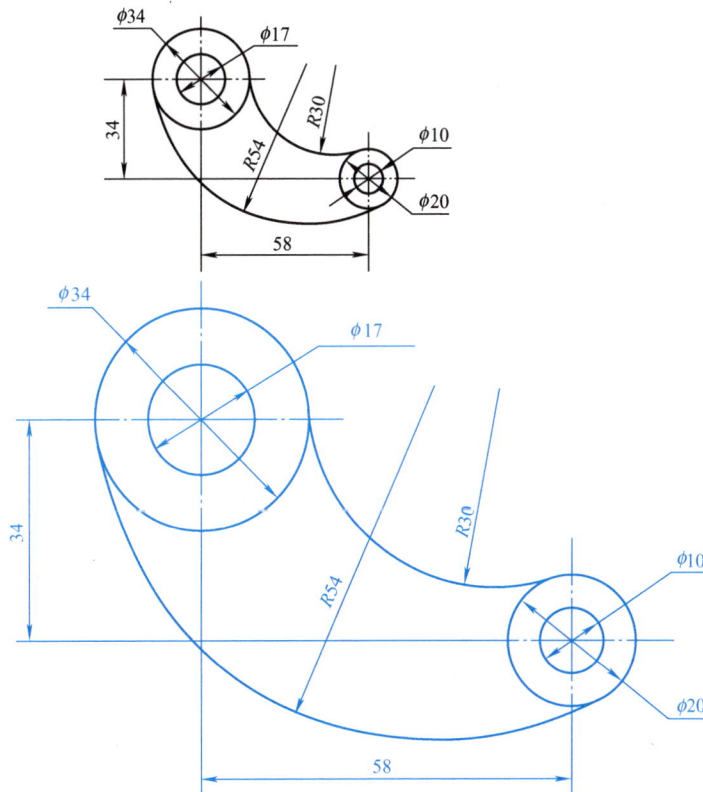

$\phi34$　$\phi17$　$R30$　$R54$　$\phi10$　$\phi20$　34　58

$\phi34$　$\phi17$　34　$R54$　$R30$　$\phi10$　$\phi20$　58

第 2 章　投影基础及基本体三视图

1. 投影法（一）

三视图的形成与投影规律

（1）物体由 __前__ 向 __后__ 投射，在 V 面上得到的视图，称为 主视图；物体由 __上__ 向 __下__ 投射，在 H 面上得到的视图，称为俯视图；物体由 __左__ 向 __右__ 投射，在 W 面上得到的视图，称为 左视图。

（2）三视图的投影规律是：主视图与俯视图长对正；主视图与左视图高平齐；俯视图与左视图宽相等。

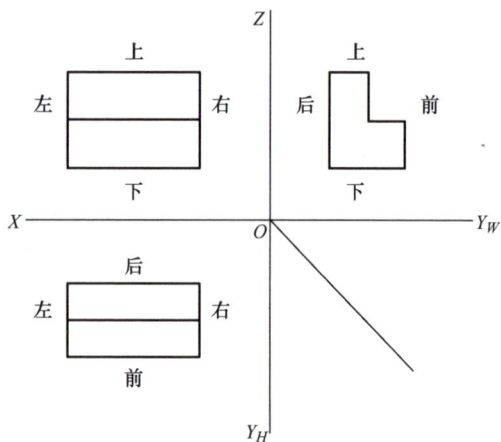

（3）已知立体的主、俯视图，正确的左视图是（b）。

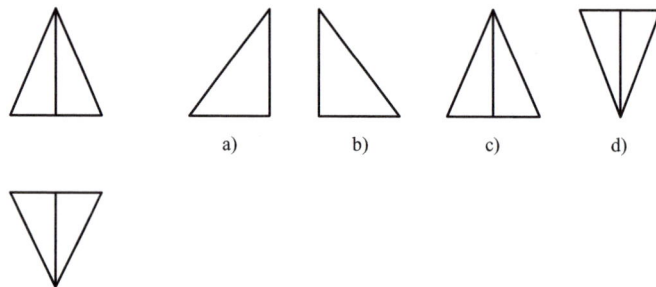

（4）已知立体的主、俯视图，正确的左视图是（a）。

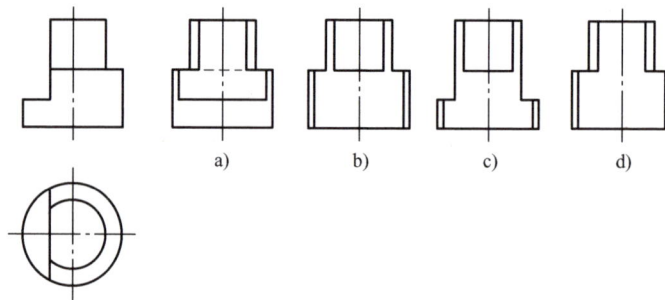

56

1. 投影法（二）

请根据主视图及俯视图找出对应的立体图，将其序号填入括号中。

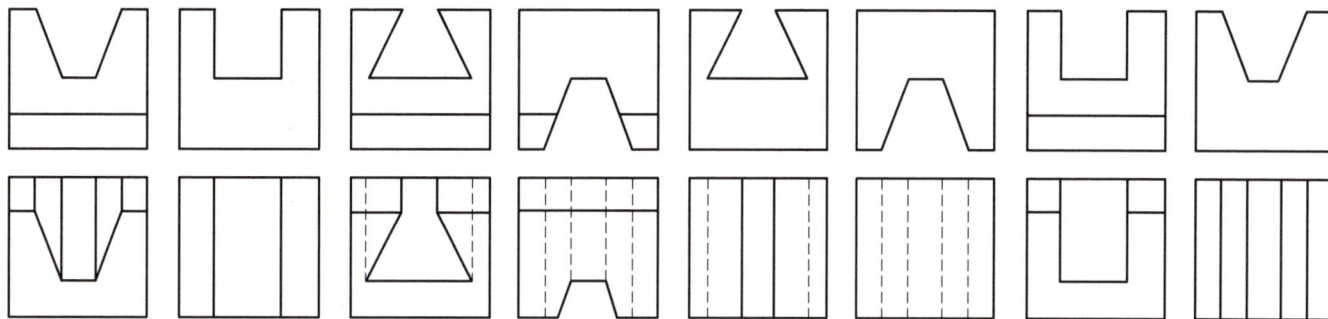

| (d) | (b) | (c) | (a) | (e) | (h) | (g) | (f) |

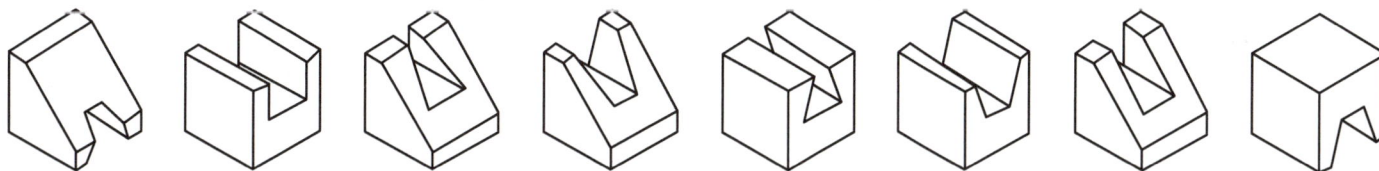

| a) | b) | c) | d) | e) | f) | g) | h) |

1. 投影法（三）

（1）已知点 A 的三面投影，点 B 在点 A 上方 13mm、左方 16mm、前方 12mm，求作点 B 的三面投影。

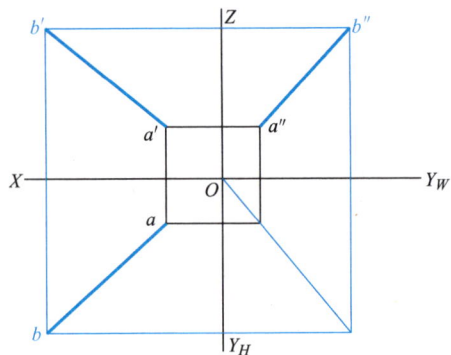

（2）设直线 AB 上一点 C 距 H 面 9mm，完成点 C 的三面投影。

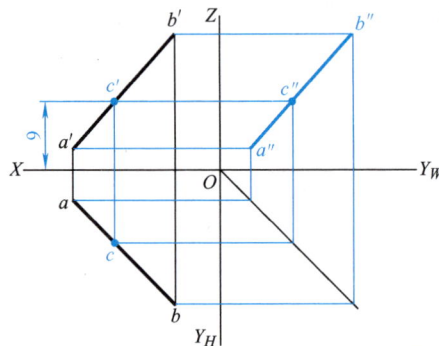

（3）已知点 A 距 H 面 8mm，距 V 面 10mm，距 W 面 7mm，点 B 在点 A 的左方 5mm、后方 3mm、上方 8mm，试作 A、B 两点的三面投影。

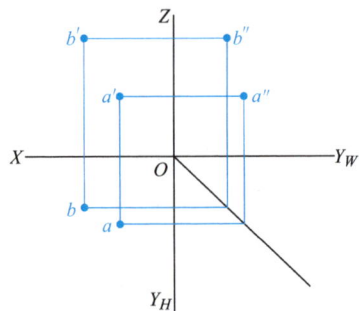

（4）已知点 A（8，12，16），点 B 在 H 面上，距离 W 面 12.5mm，距离 V 面 17mm，求 A、B 两点的三面投影。

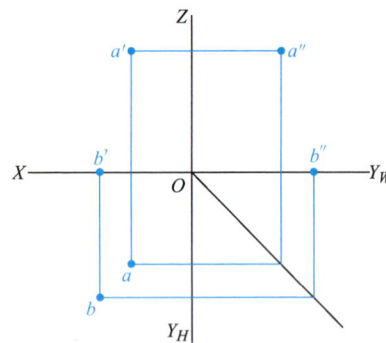

1. 投影法（四）

（1）AB 为正平线，求 AB 在 H、W 面上的投影。

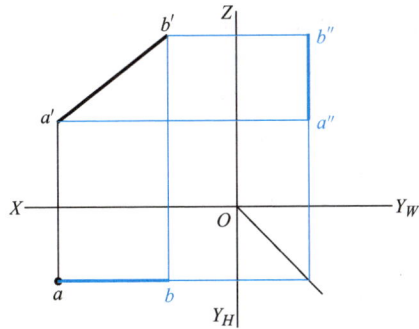

（2）AB 为铅垂线，求 AB 在 H、W 面上的投影。

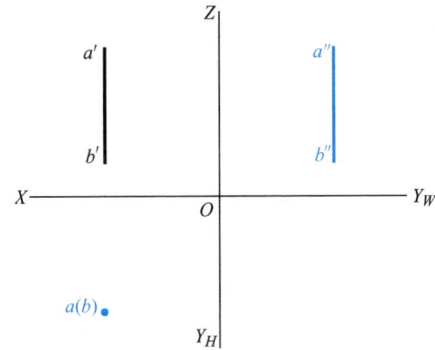

（3）已知直线 AB 的两面投影，设直线 AB 上一点 C 将 AB 分成 3:2，求点 C 的三面投影。

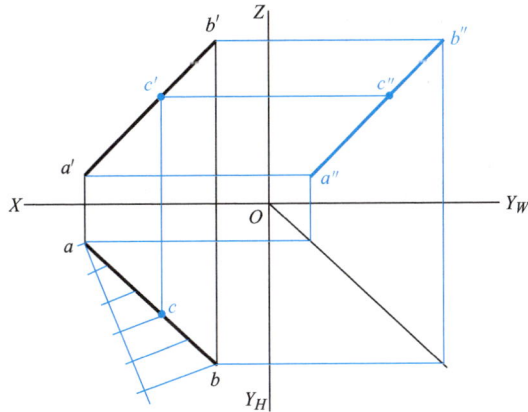

（4）试作一直线 HG 与直线 AB 平行，且与直线 CD、EF 相交。

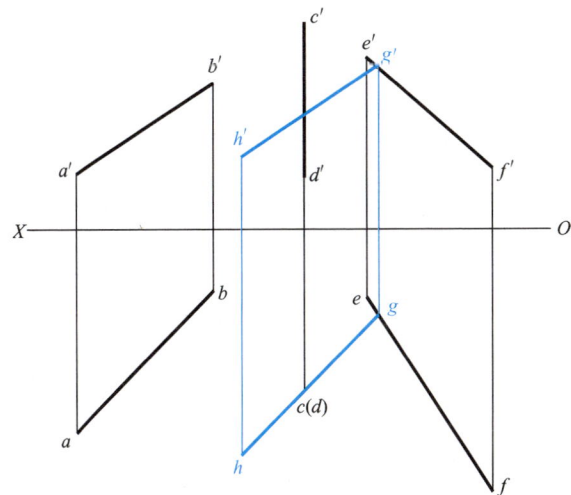

1. 投影法（五）

读图并回答问题。

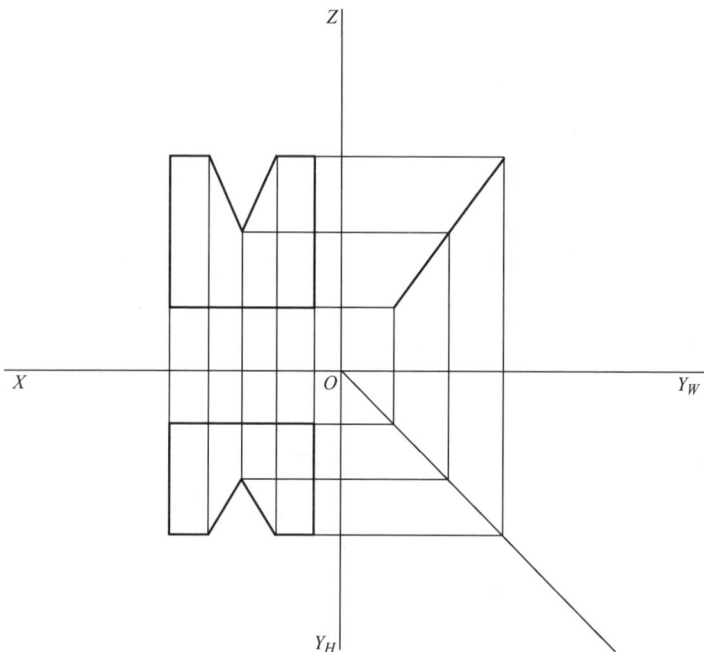

（1）该平面为<u>侧垂</u>面。

（2）该平面的投影特性为：<u>左视图投影积聚成一条直线，主视图与俯视图分别表达其相似性</u>。

（3）投影面平行面有三种：平行于 H 面的平面称为<u>水平面</u>，平行于 V 面的平面称为<u>正平面</u>，平行于 W 面的平面称为<u>侧平面</u>。

（4）投影面垂直面有三种：垂直于 H 面的平面称为<u>铅垂面</u>，垂直于 V 面的平面称为<u>正垂面</u>，垂直于 W 面的平面称为<u>侧垂面</u>。

（5）立体上某一面，如果其两个投影为线框，另一个投影为斜直线，则所反映的平面为<u>投影面垂直面</u>。

（6）平面 $\triangle ABC$ 垂直于 H 面，则其在 H 面上的投影是<u>一条直线</u>。

（7）当平面与投影面平行时，其投影反映<u>实形</u>。

2. 平面立体三视图

（1）已知立体的主、俯视图，画出正确的左视图。

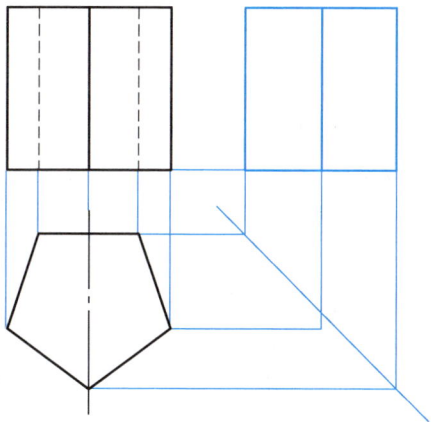

（2）已知立体的主、俯视图，画出正确的左视图。

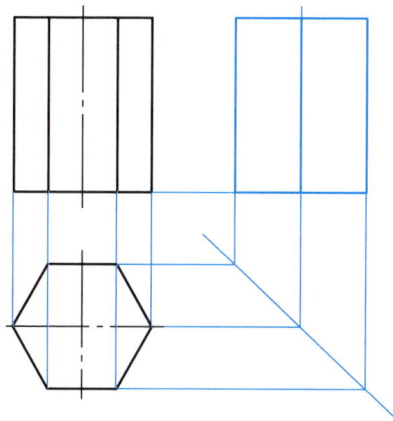

（3）完成平面立体的侧面投影及其表面上点的投影。

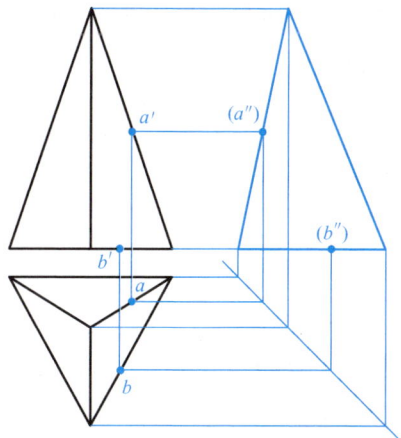

（4）完成平面立体的侧面投影及其表面上线的投影。

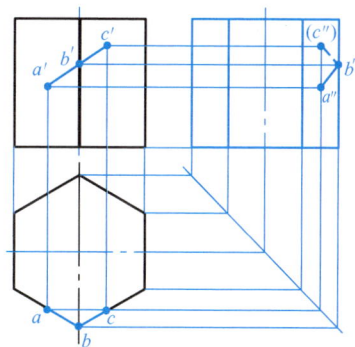

3. 曲面立体三视图

（1）完成圆柱三视图的绘制，找点的三面投影。

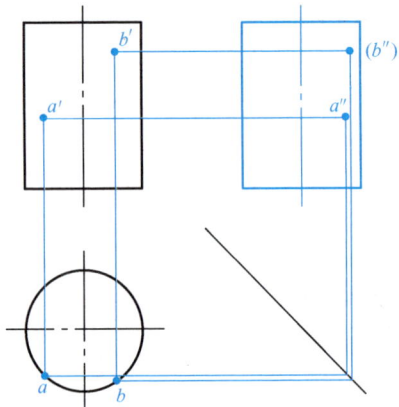

（2）完成圆锥三视图的绘制，找点的三面投影。

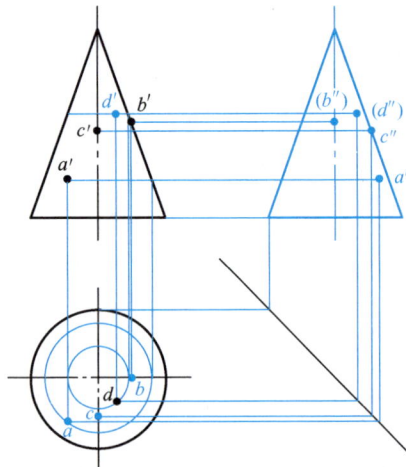

（3）完成圆球三视图的绘制，找点的三面投影。

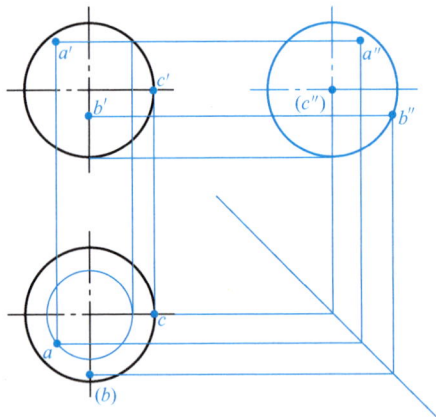

（4）完成圆台三视图的绘制，找点的三面投影。

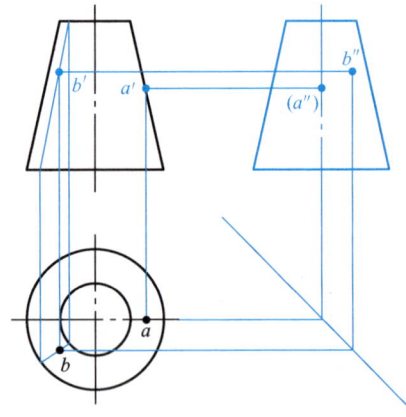

第 3 章　组合体

1. 组合体三视图绘制

班级　　　姓名　　　学号

（1）已知圆柱被截切后的主、俯视图，正确的左视图是（　c　）。

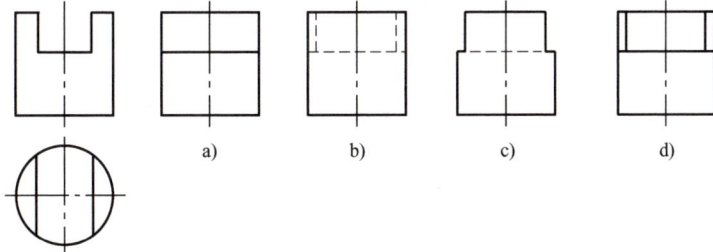

a)　　　b)　　　c)　　　d)

（2）已知圆柱被截切后的主、俯视图，正确的左视图是（　c　）。

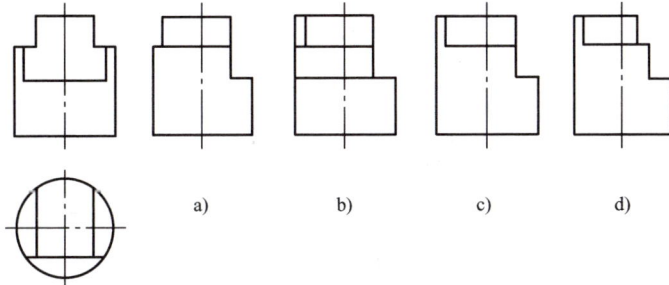

a)　　　b)　　　c)　　　d)

（3）已知轴线正交的圆柱和圆锥具有公切圆球，正确的投影是（　b　）。

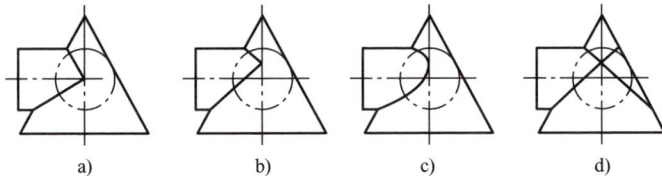

a)　　　b)　　　c)　　　d)

2. 组合体表面交线（一）

（1）画出棱柱的第三面投影，补画出截交线，并整理轮廓线。

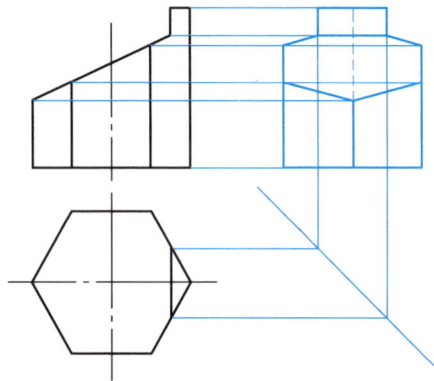

（2）画出被截切圆柱的第三面投影，并整理轮廓线。

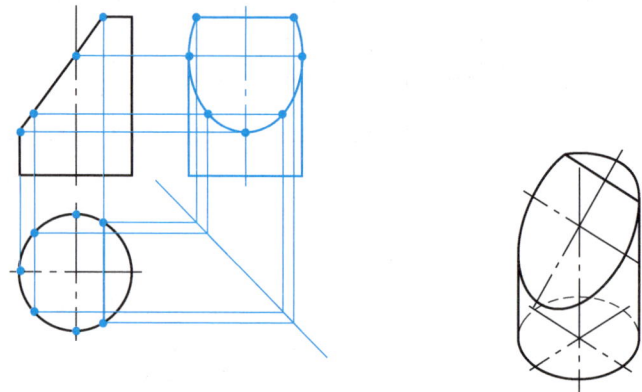

（3）画出被截切圆柱的第三面投影，并整理轮廓线。

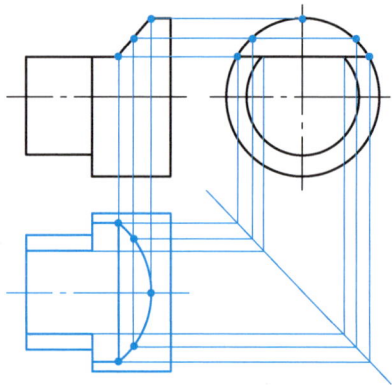

（4）分析圆柱的截交线，补全其三面投影。

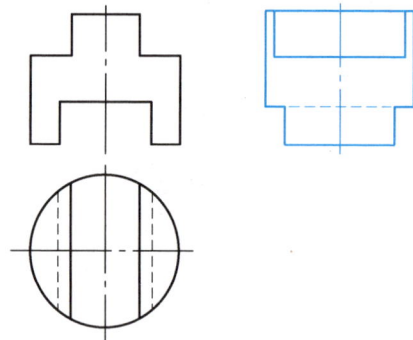

2. 组合体表面交线（二）

（1）分析圆柱截交线，补画三视图。	（2）分析圆柱截交线，补画左视图。
（3）分析圆柱截交线，补画左视图。	（4）分析圆柱截交线，补画左视图。

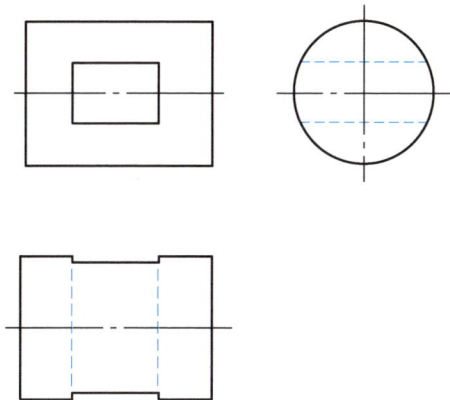

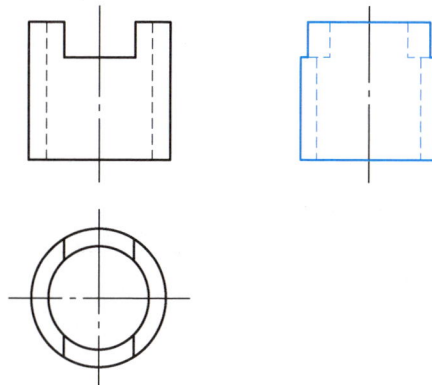

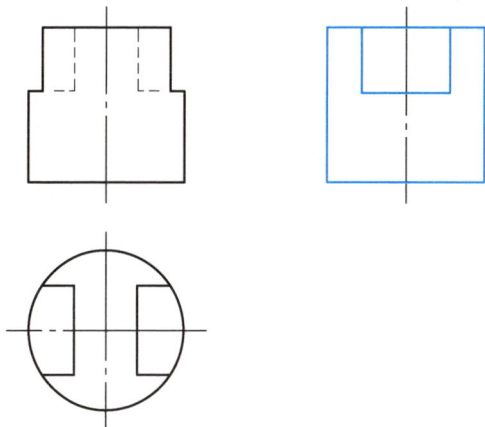

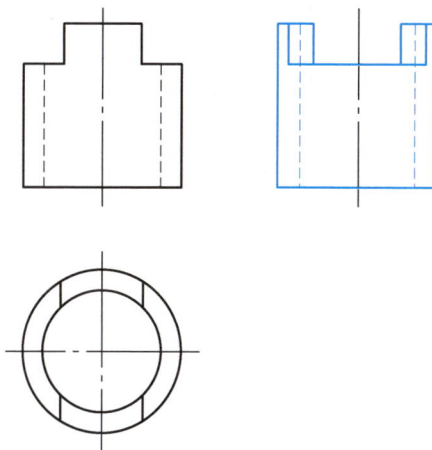

2. 组合体表面交线（三）

（1）补画俯视图。

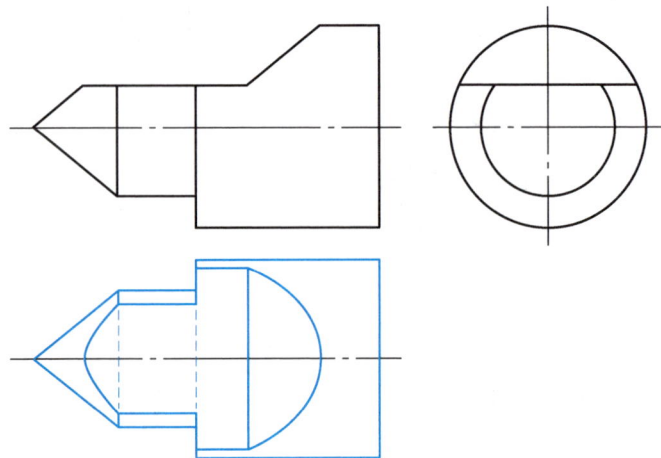

（2）补画左视图。

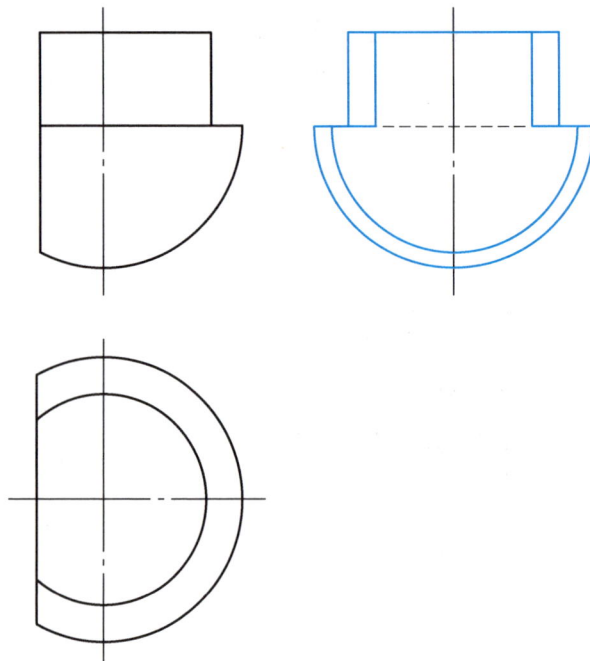

2. 组合体表面交线（四）

（1）补画主视图。

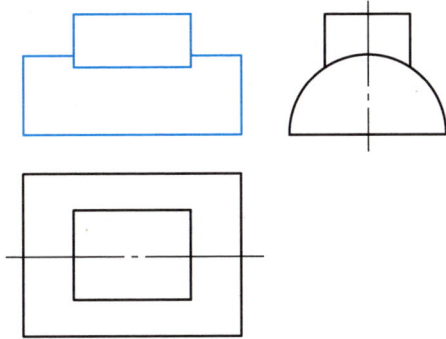

（2）补画三视图所缺的线。

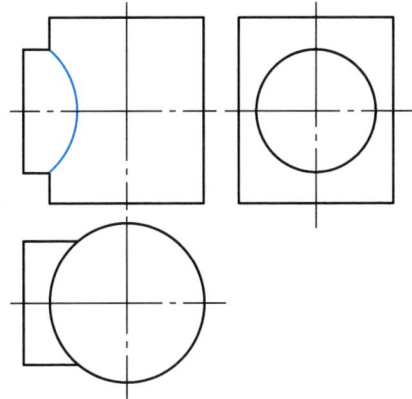

（3）补画三视图所缺的线。

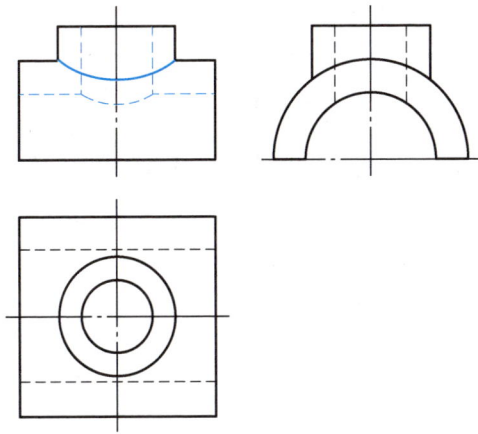

（4）补画三视图所缺的线。

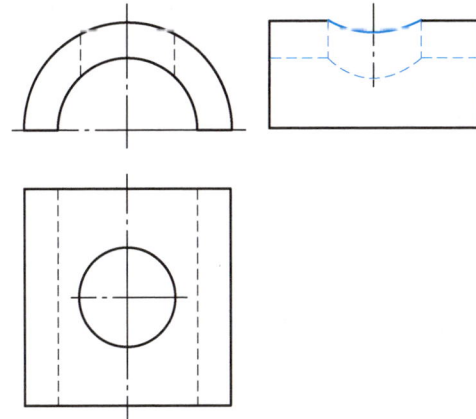

2. 组合体表面交线（五）

（1）用相贯线的近似画法补画相贯线。

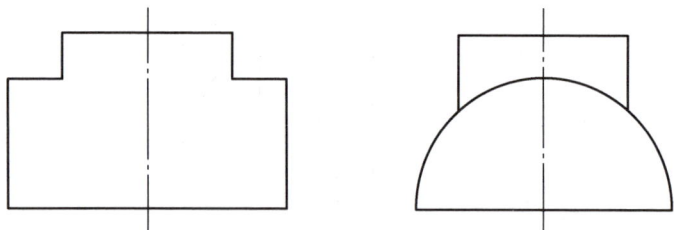

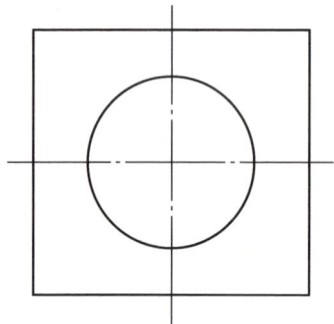

（2）补画三视图所缺的线。

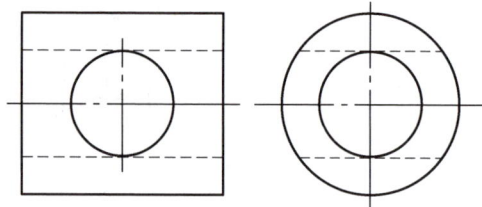

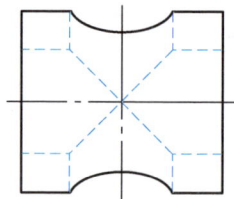

（3）补画三视图所缺的线。

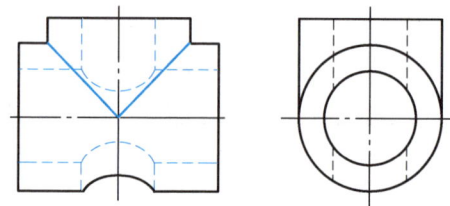

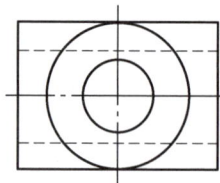

3. 组合体三视图识读（一）

请根据三视图找出对应的立体图，并将序号填入括号中。

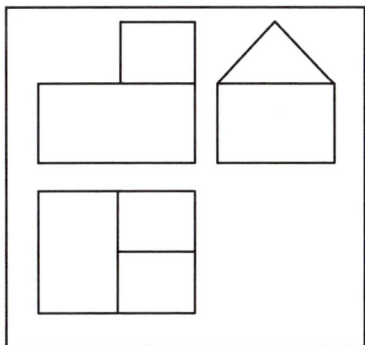
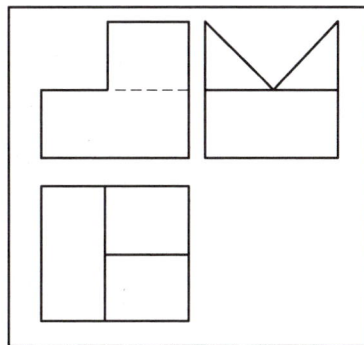

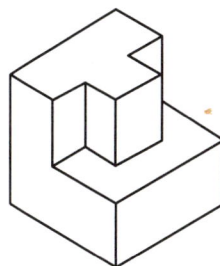

a)

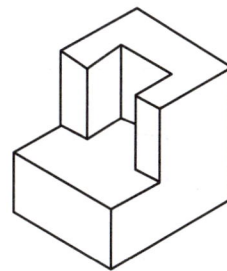

b)

(d)

(c)

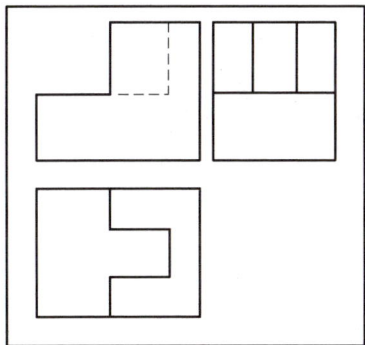
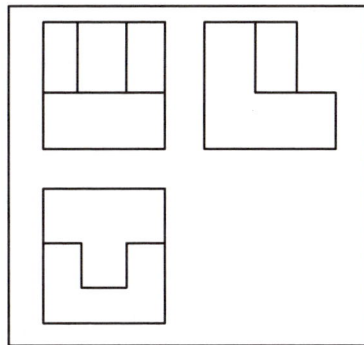

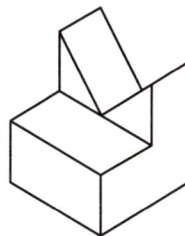

c)

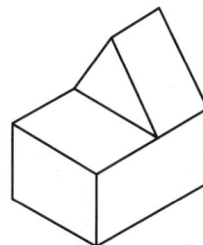

d)

(b)

(a)

3. 组合体三视图识读（二）

（1）补画三视图所缺的线。

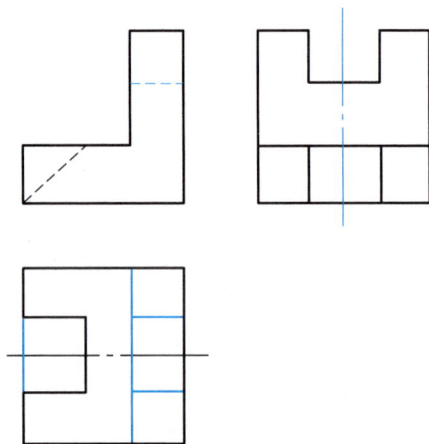

（2）补画俯视图。

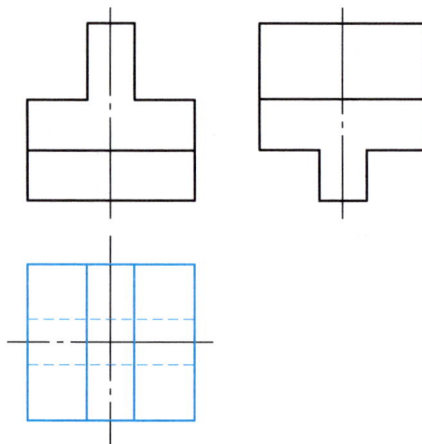

（3）补画三视图所缺的线。

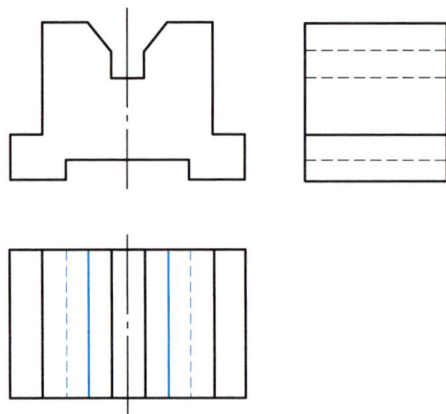

（4）补画主视图。

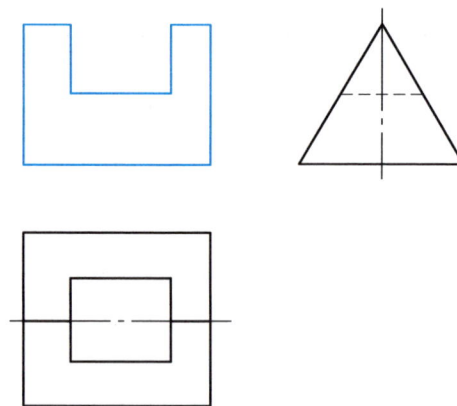

3. 组合体三视图识读（三）

（1）画三视图。

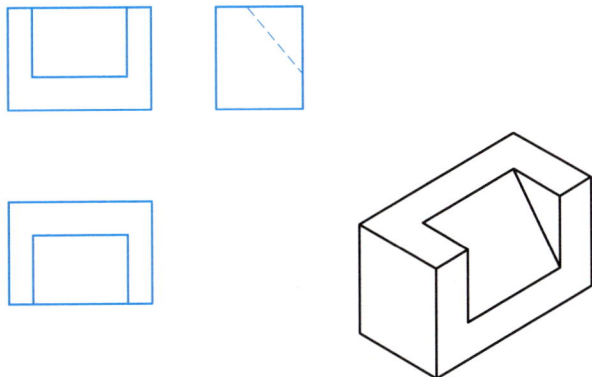

（2）画三视图。

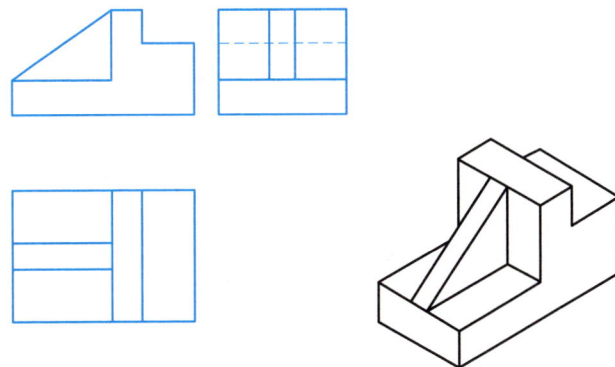

（3）画三视图。

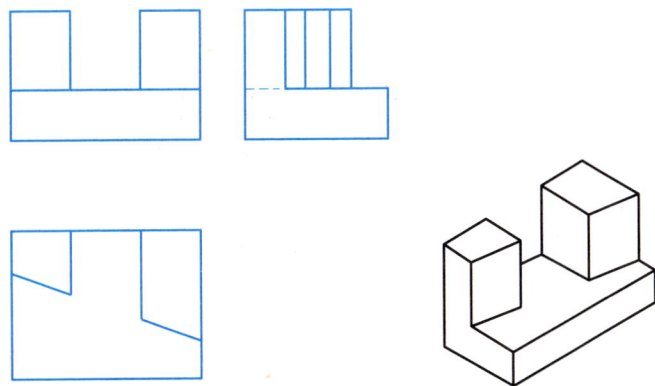

（4）画三视图。

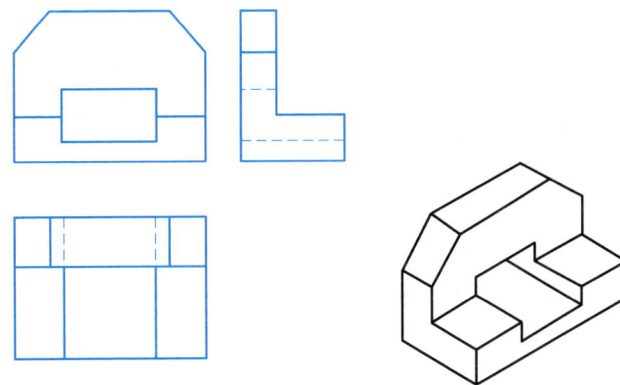

补画三视图所缺的线，并标注尺寸。

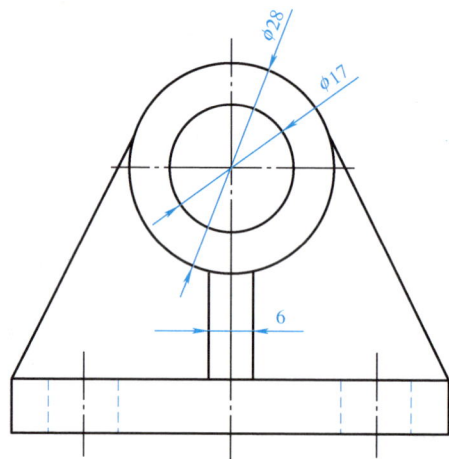

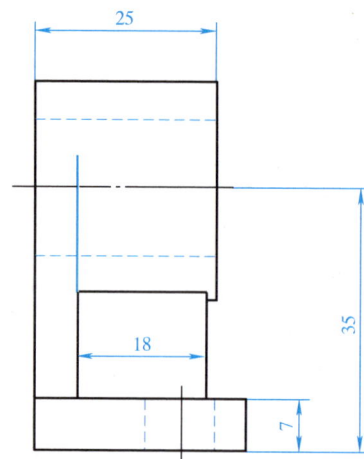

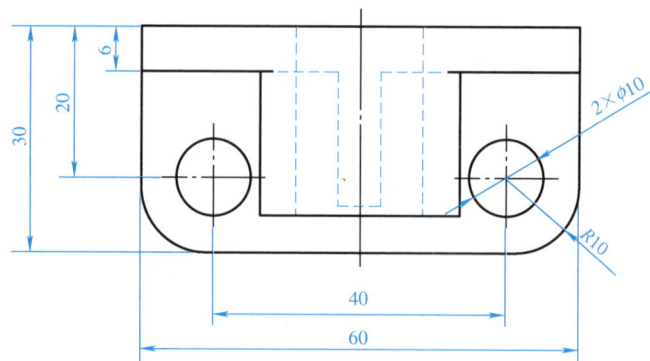

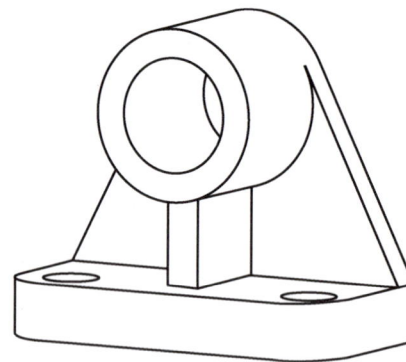

第4章 零件图基本知识

1. 零件的基本表达方法（一）

（1）三视图的投影规律是：主视图与俯视图<u>长对正</u>；主视图与左视图<u>高平齐</u>；俯视图与左视图<u>宽相等</u>。

（2）将零件的某一部分向基本投影面投射所得到的视图称为<u>局部视图</u>。

（3）将零件向不平行于任何基本投影面的平面投射所得到的视图称为<u>斜视图</u>。

（4）按剖切范围的大小来分，剖视图可分为<u>全剖视图</u>、<u>半剖视图</u>及<u>局部剖视图</u>三种。

（5）断面图用来表达零件的<u>断面实形</u>，断面图可分为<u>移出断面图</u>和<u>重合断面图</u>两种。

（6）已知立体的主、俯视图，正确的左视图是（　c　）。

a)　　b)　　c)　　d)

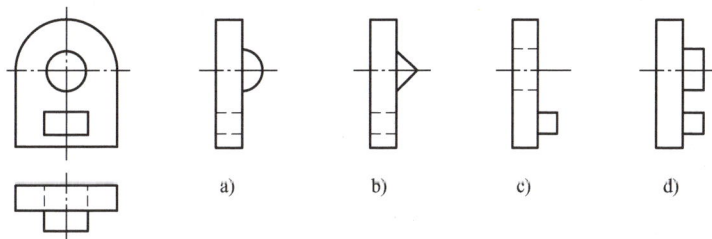

（7）根据主、俯视图，判断哪个是正确的主视图的剖视图。（　c　）

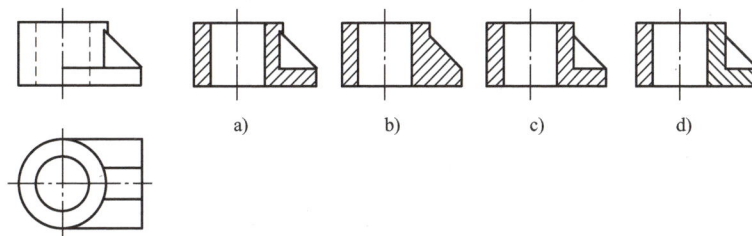

a)　　b)　　c)　　d)

根据主、俯、左视图补画右、仰、后视图。

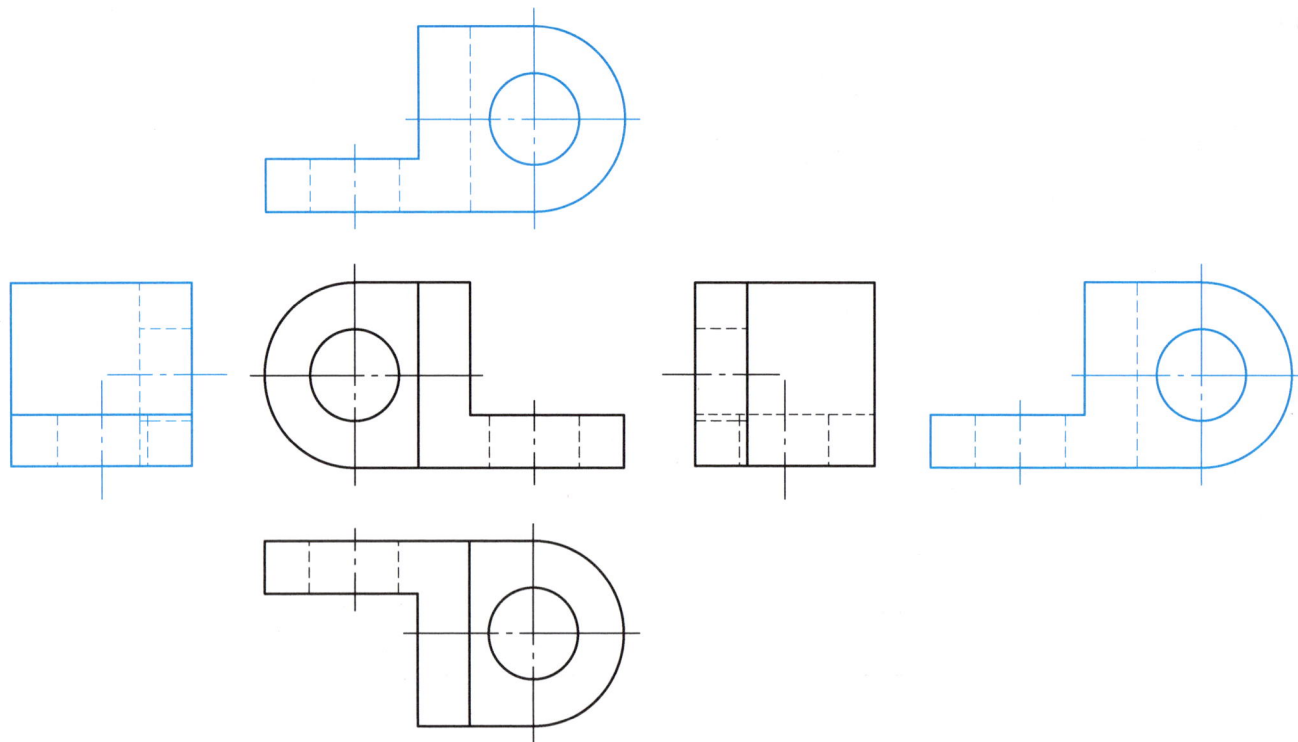

1. 零件的基本表达方法（三）

（1）补画全剖的左视图。

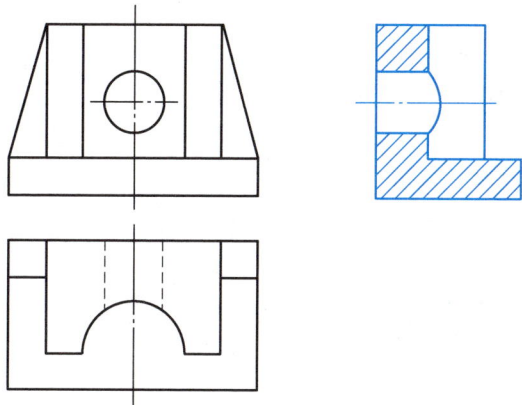

（2）补画全剖的左视图。

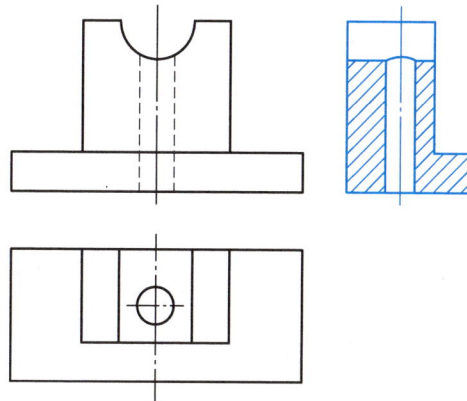

（3）补画剖视图所缺的图线。

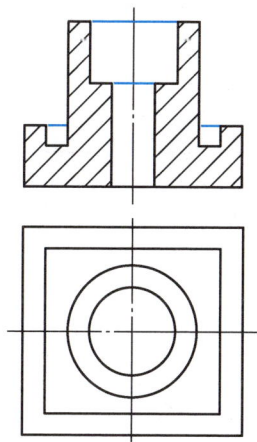

（4）补画剖视图所缺的图线。

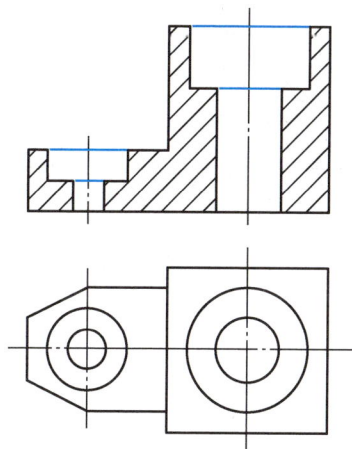

1. 零件的基本表达方法（四）

（1）在指定位置绘制剖视图。

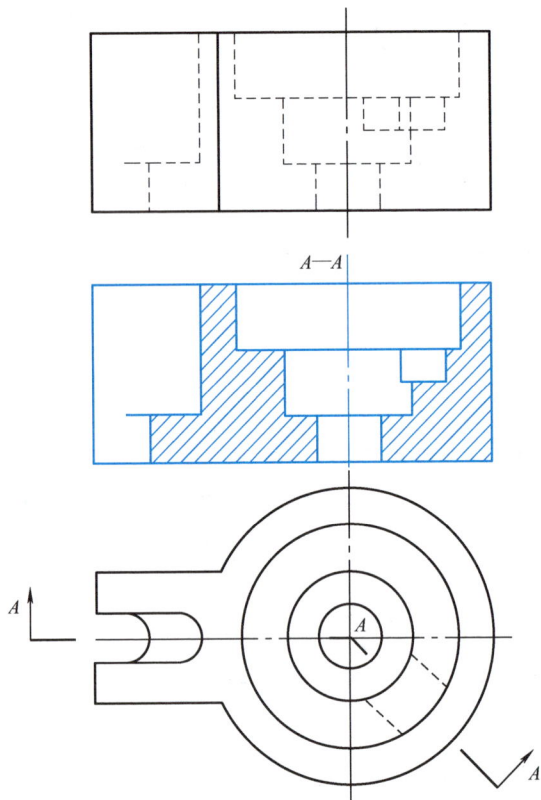

A—A

（2）绘制将主视图按指定位置剖切的剖视图。

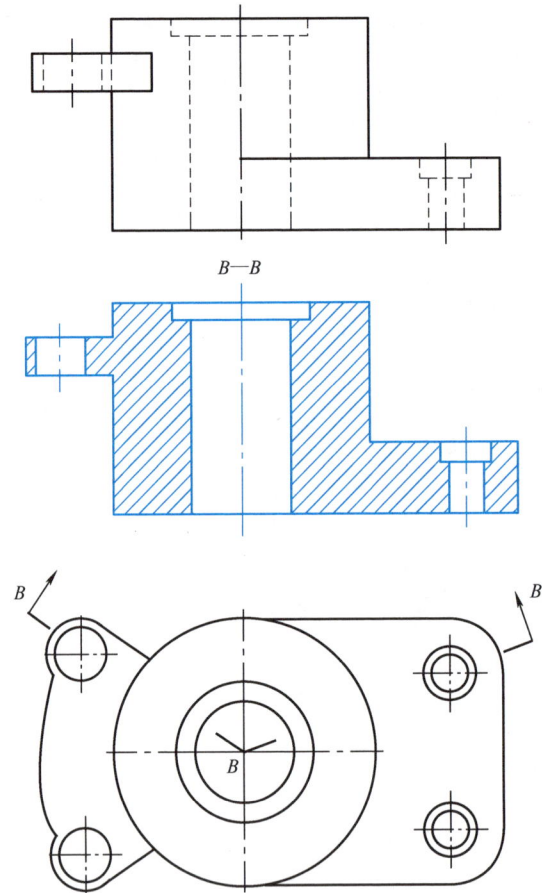

B—B

1. 零件的基本表达方法（五）

（1）画出向视图。

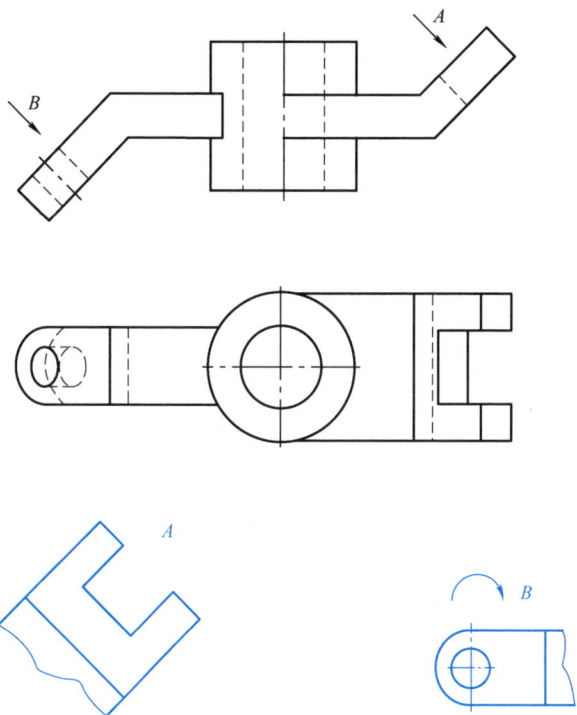

（2）画出向视图。

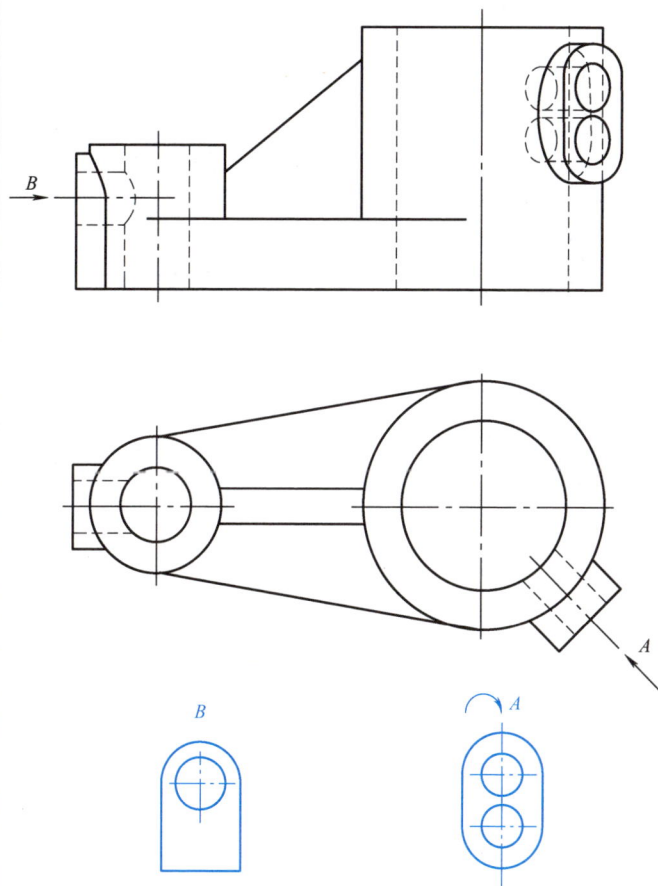

1. 零件的基本表达方法（六）

（1）在指定位置绘制断面图。

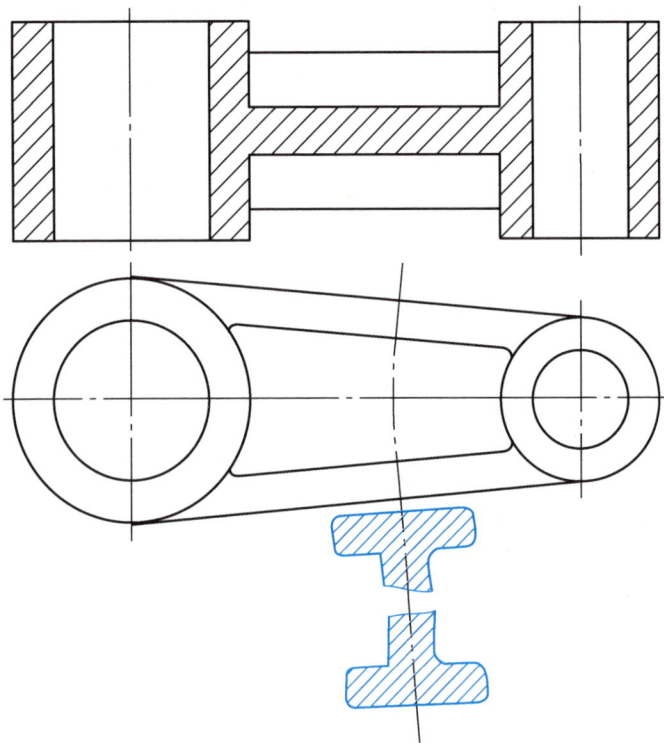

（2）在指定位置绘制断面图（键槽深3mm）。

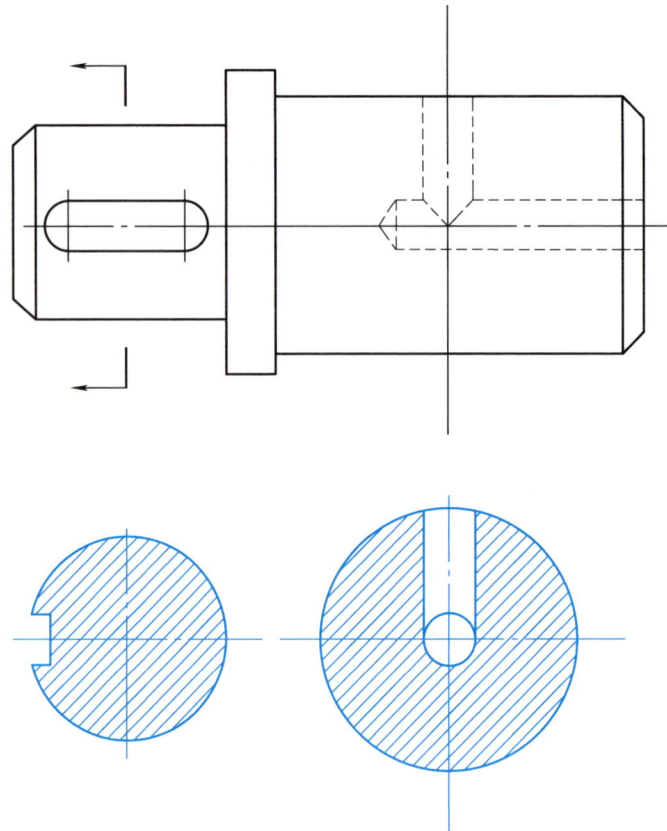

2. 零件的技术要求

（1）标准公差是国家标准所列的用以确定<u>公差带</u>的任一公差。

（2）形状公差项目有<u>直线度</u>、<u>平面度</u>、<u>圆度</u>、<u>圆柱度</u>、<u>线轮廓度</u>和<u>面轮廓度</u>六种。

（3）位置公差项目有<u>位置度</u>、<u>同心度</u>、<u>同轴度</u>、<u>对称度</u>、<u>线轮廓度</u>和<u>面轮廓度</u>六种。

（4）公称尺寸相同的、相互结合的孔和轴公差带之间的关系，称为<u>配合</u>。

（5）根据孔和轴之间的配合松紧程度，配合可以分为三类：<u>间隙配合</u>、<u>过渡配合</u>和<u>过盈配合</u>。

（6）$\phi36$H8 表示：$\phi36$ 是<u>公称尺寸</u>，H8 是<u>公差带代号</u>，其中，H 是<u>基本偏差代号</u>，8 是<u>公差等级</u>。

（7）配合的基准制有<u>基孔制</u>和<u>基轴制</u>两种。优先选用<u>基孔制</u>。

（8）表面粗糙度是评定零件<u>表面质量</u>的一项技术指标，常用参数是 Ra，常用数值是<u>$0.025 \sim 0.63\mu m$</u>。其数值越小，表面越<u>光滑</u>；数值越大，表面越<u>粗糙</u>。

第 5 章 轴套类零件图绘制与识读

1. 轴零件图识读（一）

班级　　　　姓名　　　　学号

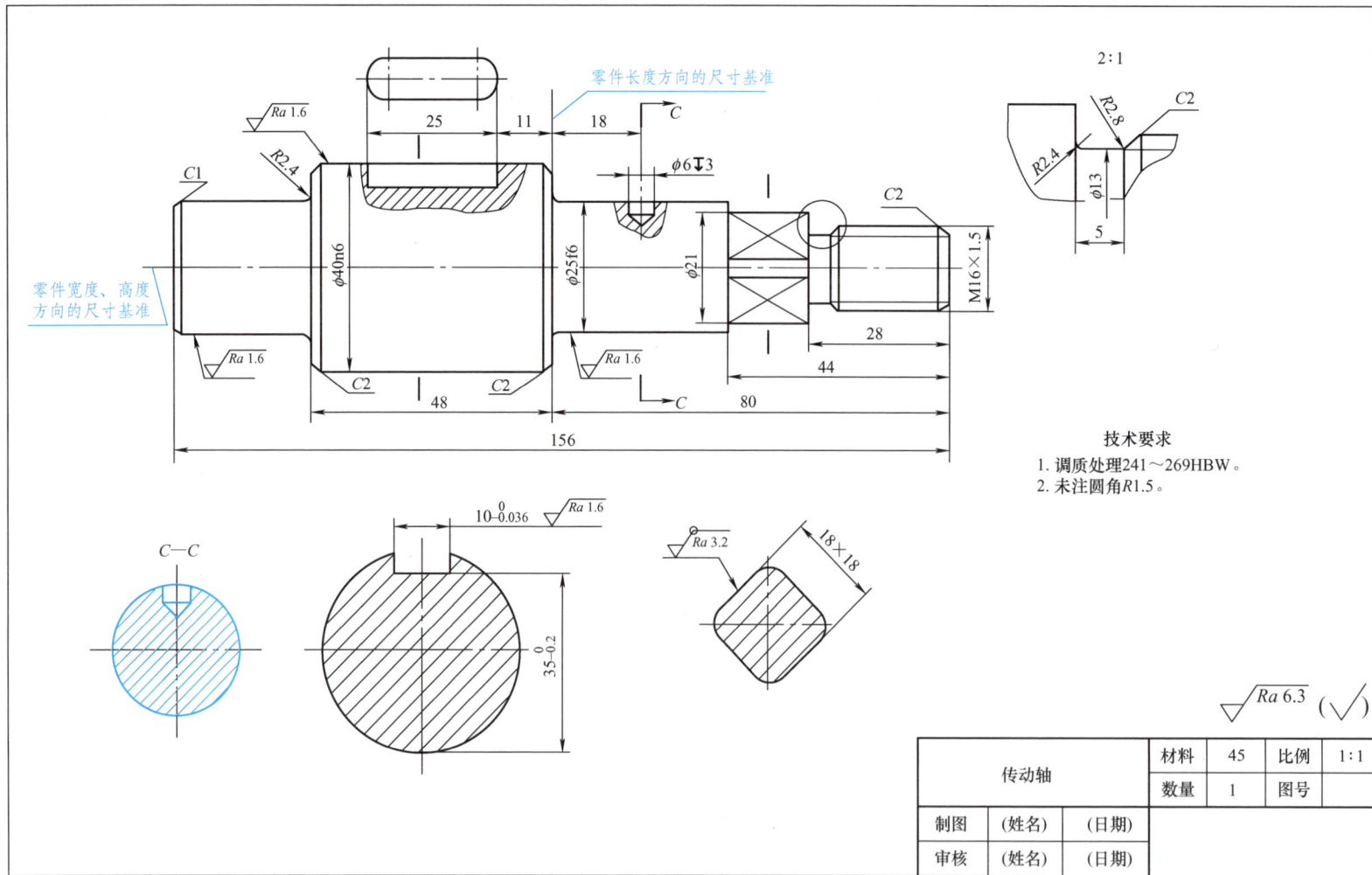

2:1

零件长度方向的尺寸基准

$\phi 6 \downarrow 3$

零件宽度、高度方向的尺寸基准

$Ra\,1.6$

R2.4

C1

$\phi 40n6$

$\phi 25f6$

$\phi 21$

M16×1.5

C2

C2

C2

C2

48

28

44

80

156

$Ra\,1.6$

$Ra\,1.6$

25

11

18

R2.8

C2

R2.4

$\phi 13$

5

技术要求

1. 调质处理241～269HBW。
2. 未注圆角R1.5。

C—C

$10^{\;0}_{-0.036}$　$Ra\,1.6$

$35^{\;0}_{-0.2}$

$Ra\,3.2$

18×18

$\sqrt{}\,Ra\,6.3\;(\sqrt{})$

传动轴			材料	45	比例	1:1
			数量	1	图号	
制图	(姓名)	(日期)				
审核	(姓名)	(日期)				

1. 轴零件图识读（二）

识读传动轴零件图，回答下列问题。

（1）该零件采用了哪些表达方式？

一个主视图，三个移出断面图，一个局部放大图。

（2）找出零件长、宽、高三个方向上的主要尺寸基准。

见上页图。

（3）主视图上的尺寸 156、25、11、18、$\phi6$ 各属于哪类尺寸？

　　总体尺寸：156

　　定位尺寸：11　18

　　定形尺寸：$\phi6$　25

（4）标题栏上方注出的"$\sqrt{}$／$^{Ra\,6.3}$ ($\sqrt{}$／)"的含义是什么？

图中未注表面用去除材料的加工方法，Ra 的上限值为 6.3μm。

（5）$\phi25f6$ 的上极限偏差是 -0.020mm；下极限偏差是 -0.033mm；上极限尺寸是 24.980mm；下极限尺寸是 24.967mm；公差是 0.013mm。

（6）在图中作出 C—C 处的移出断面图。

见上页图。

2. 轴类零件图绘制（一）

按实际测量尺寸标注尺寸。

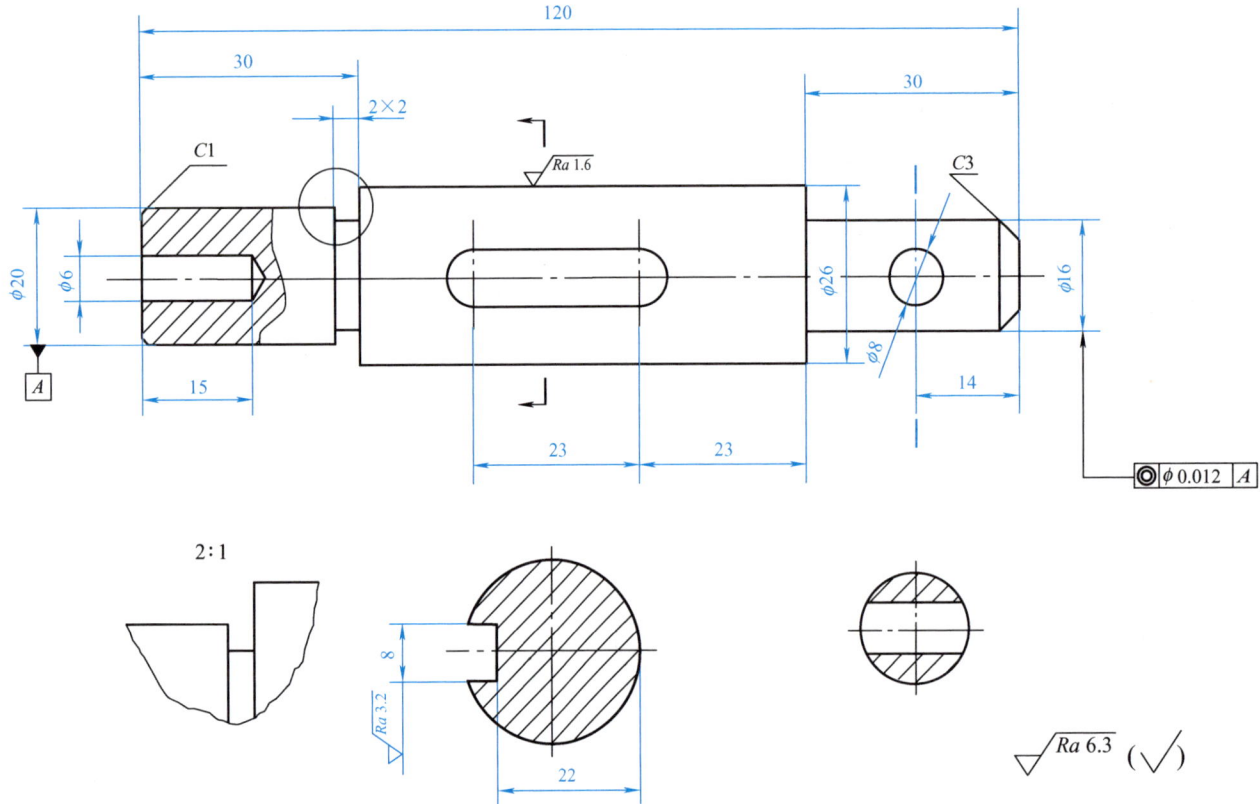

2:1

$\sqrt{Ra\,6.3}$ $\left(\sqrt{}\right)$

2. 轴类零件图绘制（二）

作出轴上平面（前后对称）、不通孔、键槽（左边键槽深6mm，右边键槽深4mm）处的移出断面图。

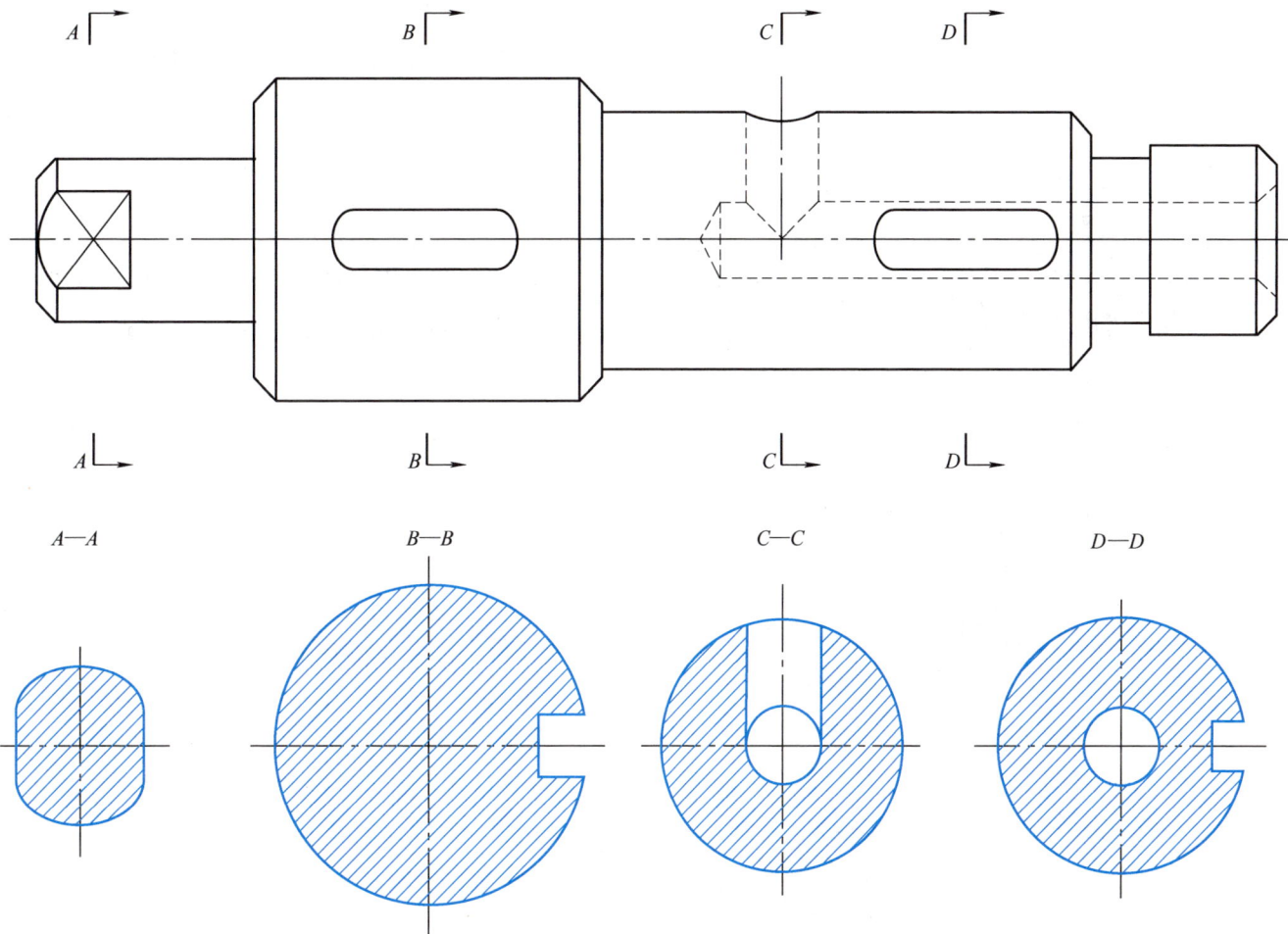

$A—A$　　　　$B—B$　　　　$C—C$　　　　$D—D$

第6章 轮盘类零件图绘制与识读

1. 轮盘类零件图识读

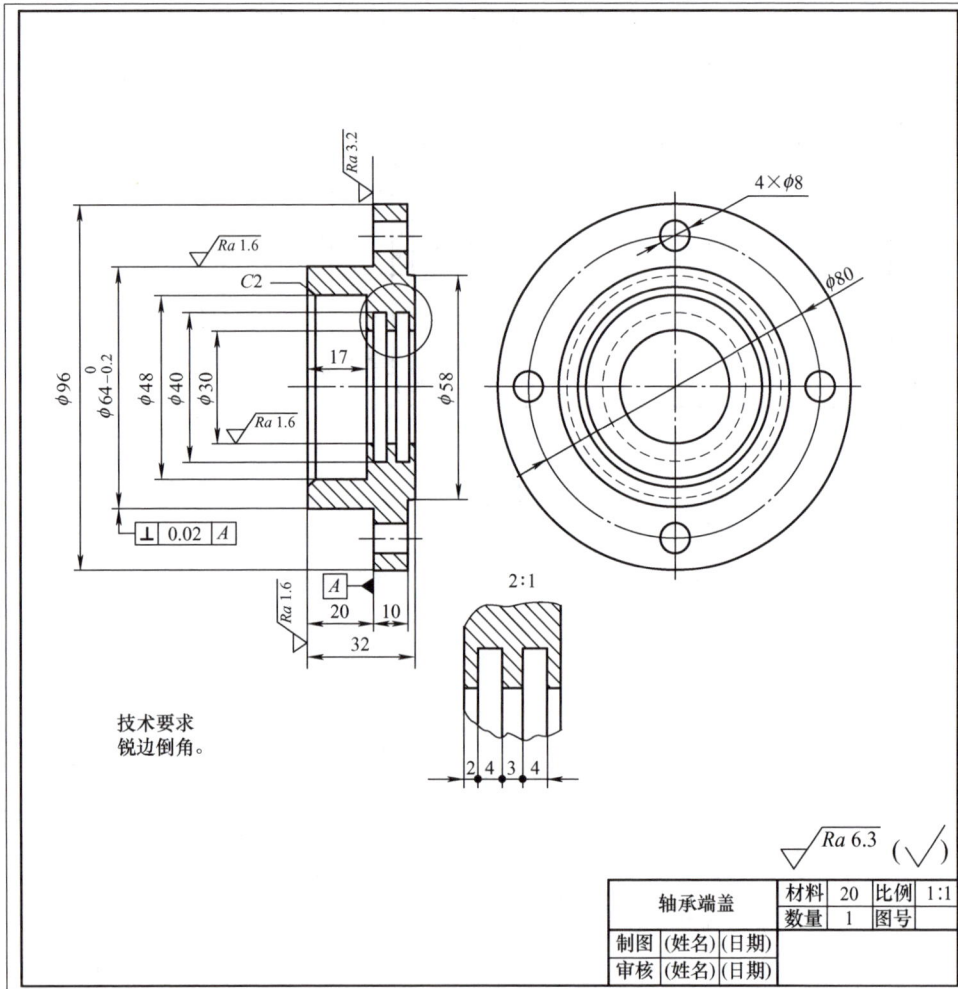

技术要求
锐边倒角。

轴承端盖	材料	20	比例	1:1
	数量	1	图号	
制图	(姓名)	(日期)		
审核	(姓名)	(日期)		

读图完成问题：

（1）该零件采用了哪些表达方式？

两个基本视图，全剖视图，局部放大图。

（2）图中 $4 \times \phi 8$ 的意义是什么？

4 个均布的直径为 8mm 的孔。

（3）解释标注中"⊥ 0.02 A"的含义：

$\phi 64$ 轴线与基准面 A 有垂直度 0.02mm 的要求。

（4）局部放大图中标注的尺寸为何尺寸？

细小结构的尺寸。

（5）指出图中绘制基准线：

中心线。

（6）定位尺寸：

$\phi 80$、17、20。

（7）定形尺寸：

$\phi 8$ 等各直径尺寸和各长度尺寸。

2. 轮盘类零件图绘制

模数m	2
齿数z	40
压力角α	20°

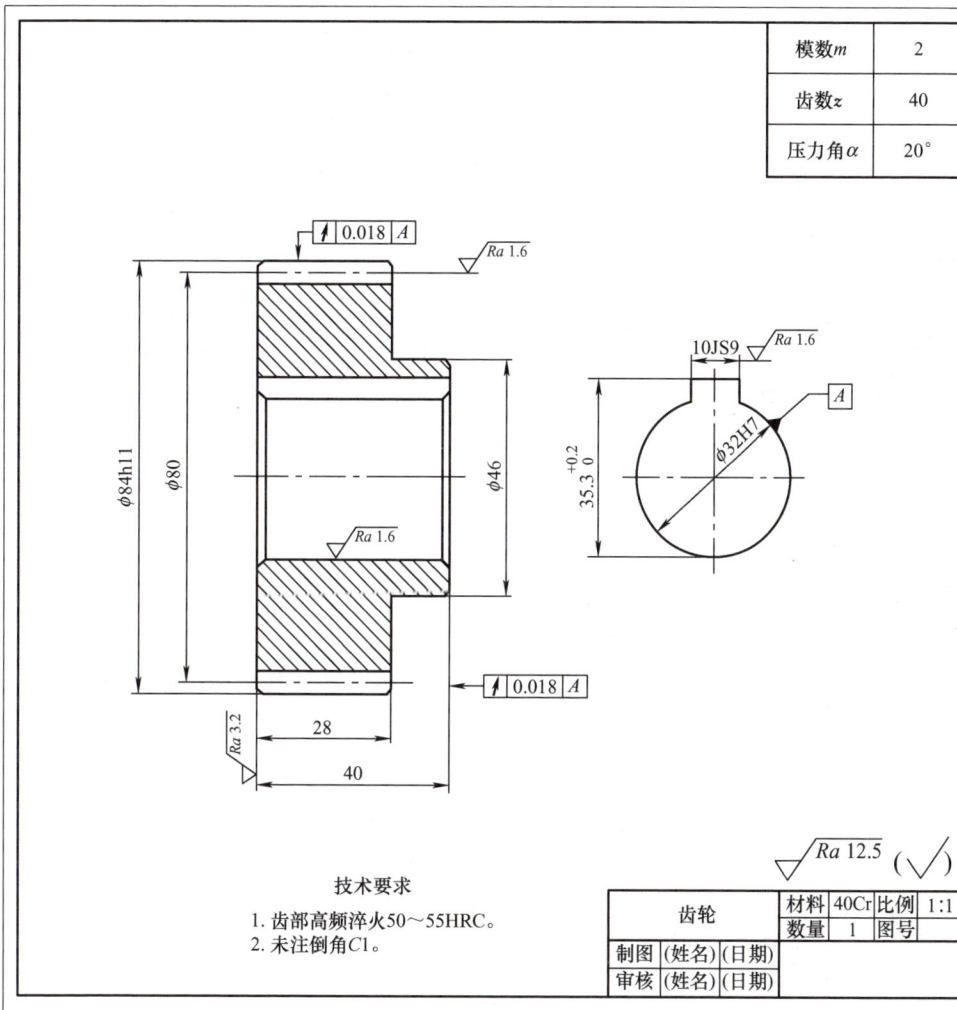

技术要求
1. 齿部高频淬火50～55HRC。
2. 未注倒角$C1$。

齿轮		材料	40Cr	比例	1:1
		数量	1	图号	
制图	(姓名)(日期)				
审核	(姓名)(日期)				

读图完成问题：

（1）计算。

分度圆半径 $r = mz/2 = 40\text{mm}$

齿顶圆半径 $r_{\text{a}} = m(z+2)/2 = 2 \times (40+2)\text{mm}/2 = 42\text{mm}$

齿根圆半径 $r_{\text{f}} = m(z-2.5)/2 = 2 \times (40-2.5)\text{mm}/2 = 37.5\text{mm}$

齿高 $h = h_{\text{f}} + h_{\text{a}} = m + 1.25m = 2 \times (1.25+1)\text{mm} = 4.5\text{mm}$

（2）齿轮压力角的意义是什么？

在两齿轮节圆相切点 P 处，两齿廓曲线的公法线（即齿廓的受力方向）与两节圆的公切线（即 P 点处的瞬时运动方向）所夹的锐角称为压力角，也称啮合角。

（3）解释标注中"$\boxed{\text{0.018}\ A}$"的含义。

以内孔轴线为基准，齿顶圆表面的径向圆跳动公差和两端面的轴向圆跳动公差为 0.018mm。

85

第7章 叉架类零件图绘制与识读

1. 叉架类零件图识读

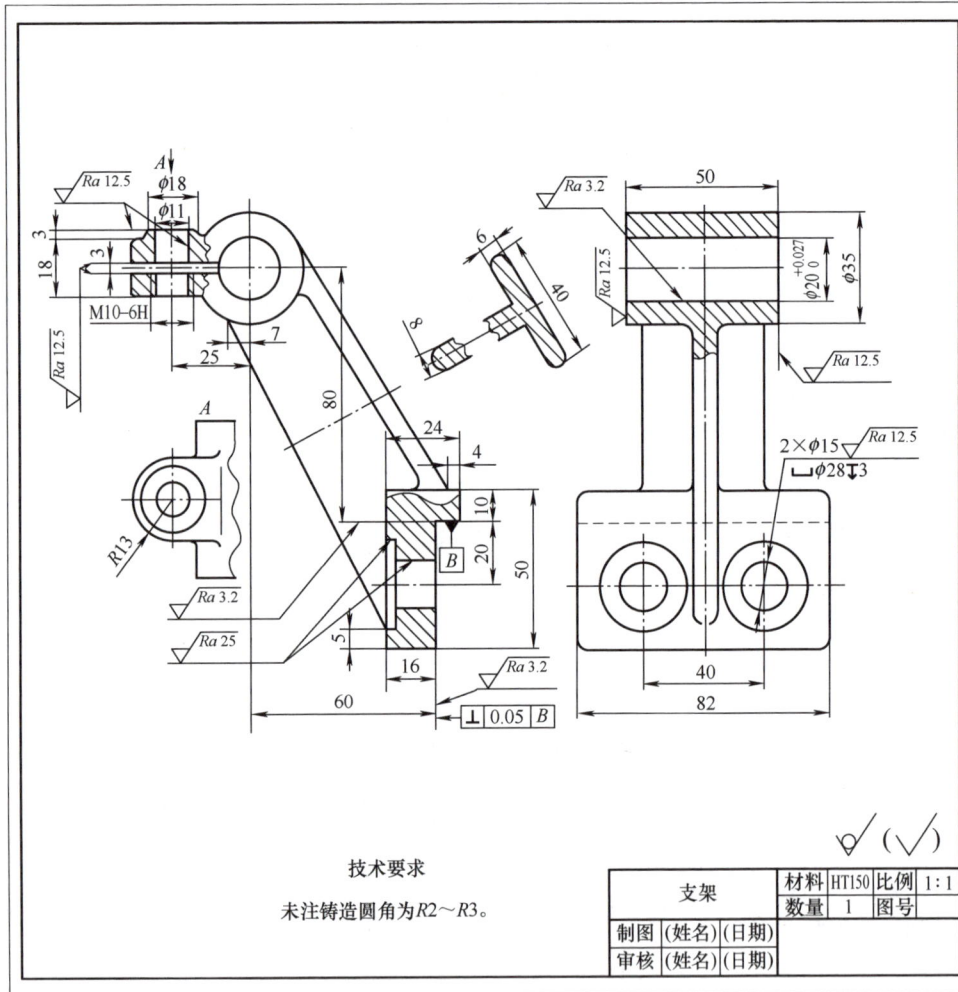

技术要求

未注铸造圆角为R2～R3。

支架	材料	HT150	比例	1：1
	数量	1	图号	
制图	(姓名)	(日期)		
审核	(姓名)	(日期)		

读图完成问题：

（1）该零件采用了哪些表达方式？

2个基本视图，3处局部剖视图，

1处移出断面图，1个局部视图。

（2）图中 $\begin{smallmatrix}2\times\phi15\\ \llcorner\phi28\downarrow3\end{smallmatrix}$ 的意义是什么？

在左右对称的直径为 ϕ15mm 的孔上面铣深度为 3mm、直径为 ϕ28mm 的沉孔，用于螺栓联接。

（3）思考该件的加工方式。

铣平面，钻孔，铣直径为 ϕ28mm 的沉孔，攻螺纹孔。

（4）图中的螺纹孔 M10－6H 的定位尺寸是多少？

25。

2. 叉架类零件图绘制

（1）完成视图尺寸标注。

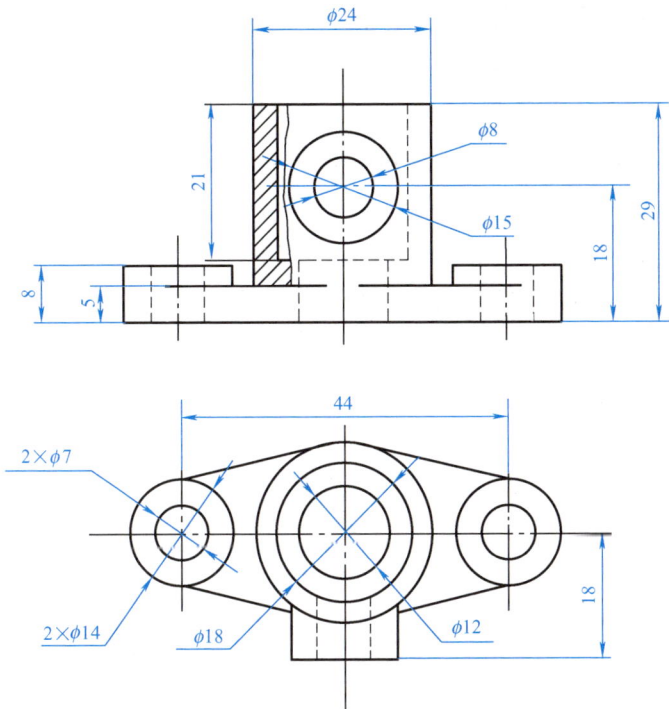

$\phi24$

$\phi8$

$\phi15$

21

29

18

8

5

44

18

$2\times\phi7$

$2\times\phi14$

$\phi18$

$\phi12$

（2）根据主视图和轴测图，补画局部视图和向视图，将机件形状表达清楚（比例为1:1）。

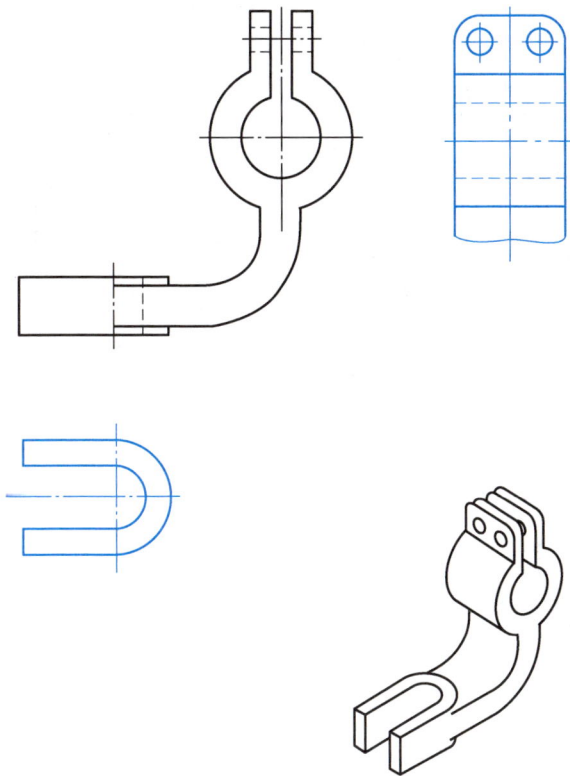

第 8 章　箱体类零件图绘制与识读

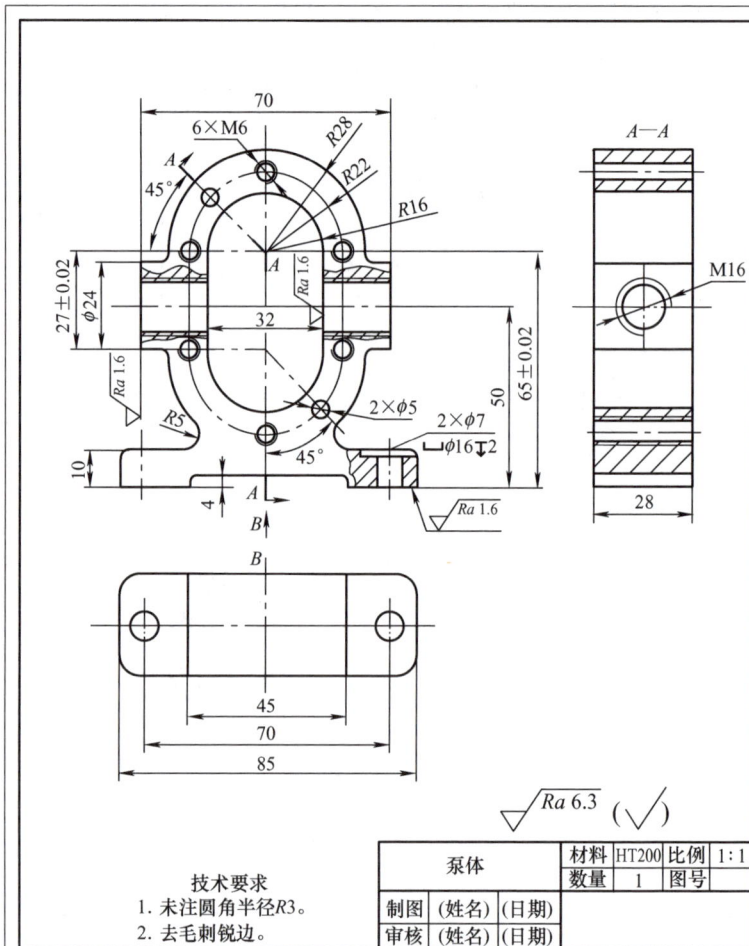

读图完成问题：

（1）该零件采用了哪些表达方式？

两个基本视图，局部剖视图，旋转剖视图，向视图。

（2）图中 2×ϕ5 孔的作用是什么？

加工定位孔及泵端盖配合孔。

（3）图中 $\frac{2\times\phi7}{\llcorner\phi16\overline{\underline{}}2}$ 的意义是什么？

在左右对称的直径为 ϕ7mm 的孔上面铣深度为 2mm、直径为 ϕ16mm 的沉孔，用于螺栓联接。

（4）图中 B 向视图反映的是什么结构？

泵体底座的仰视图。

泵体		材料	HT200	比例	1：1
		数量	1	图号	
制图	(姓名)	(日期)			
审核	(姓名)	(日期)			

技术要求
1. 未注圆角半径R3。
2. 去毛刺锐边。

第9章 标准件与常用件

1. 螺纹及螺纹紧固件（一）

螺纹的基本知识（形成、分类、基本要素）：

（1）螺纹的五要素是 牙型、直径、线数、螺距及旋向。只有当内、外螺纹的五要素相同时，它们才能互相旋合。

（2）螺纹是在圆柱或圆锥表面上，沿着螺旋线形成的具有特定断面形状的连续凸起和沟槽。在圆柱或圆锥外表面上所形成的螺纹为外螺纹，在圆柱或圆锥内表面上所形成的螺纹为内螺纹。

（3）外螺纹的规定画法是：大径用粗实线表示，小径用细实线表示，终止线用粗实线表示。在剖视图中，内螺纹的大径用细实线表示，小径用粗实线表示，终止线用粗实线表示。不可见螺纹孔，其大径、小径和终止线都用细虚线表示。内、外螺纹旋合时，其旋合处应按外螺纹绘制。

（4）粗牙普通螺纹，大径为24mm，螺距为3mm，中径公差带代号为6g，左旋，中等旋合长度，其螺纹代号为M24 – 6g – LH。

（5）螺纹 Tr32 × 6 – 7e：Tr 表示 梯形螺纹；公称直径为32mm；螺距为6mm；中径公差带代号为7e；旋向是右旋；线数是 单线。

（6）画粗牙普通外螺纹并标注。公称直径为20mm，螺距为2.5mm，单线，右旋，中径、顶径公差带代号分别为5g、6g，长旋合长度。

（7）M20 的通孔细牙内螺纹，单线，右旋，螺距为2.0mm，两端孔口倒角 C1.5，画出视图并标注。

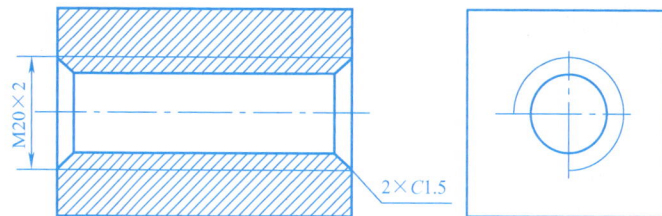

1. 螺纹及螺纹紧固件（二）

（1）指出下图中的错误，并将正确的图画在指定位置。

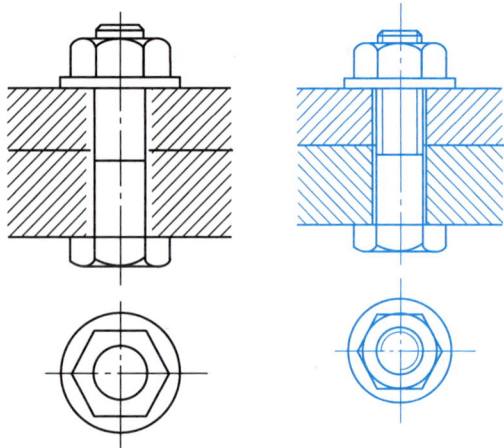

（2）改正螺柱联接图中的错误。

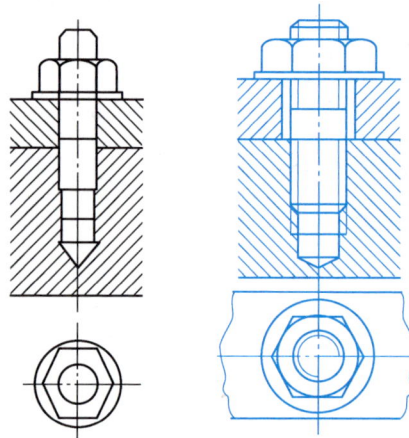

（3）分析下列螺纹视图，正确的打"√"，错误的打"×"。

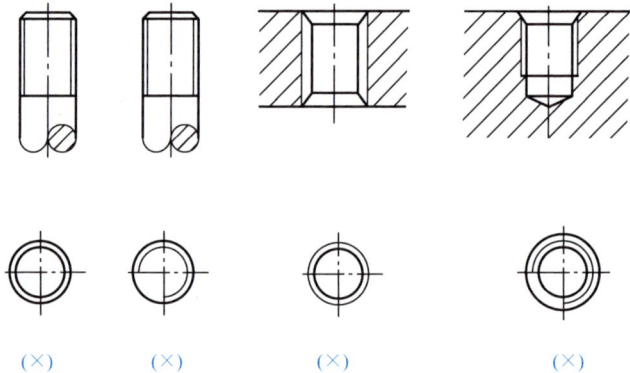

(×)　　　(×)　　　　(×)　　　　　(×)

（4）指出下图中的错误，并将正确的图画在指定位置。

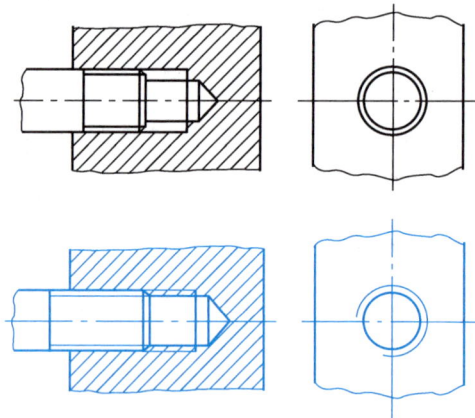

1. 螺纹及螺纹紧固件（三）

（1）按照1:2的比例画法画螺栓联接的三视图（主视图画成全剖视图，俯、左视图画外形图）。已知：螺栓 GB/T 5782 M20×80，螺母 GB/T 6179 M20，垫圈 GB/T 97.1 20 A2，板厚 $\delta_1 = 20mm$，$\delta_2 = 25mm$。

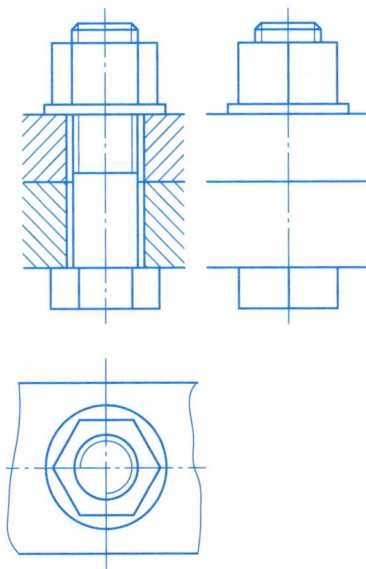

（2）画出螺柱联接的两视图（主视图画成全剖视图）。已知：螺柱 GB/T 898 M20×100，螺母 GB/T 6170 M20，垫圈 GB/T 93 20，光孔件厚度 $\delta = 20mm$，螺孔件材料为铸铁。

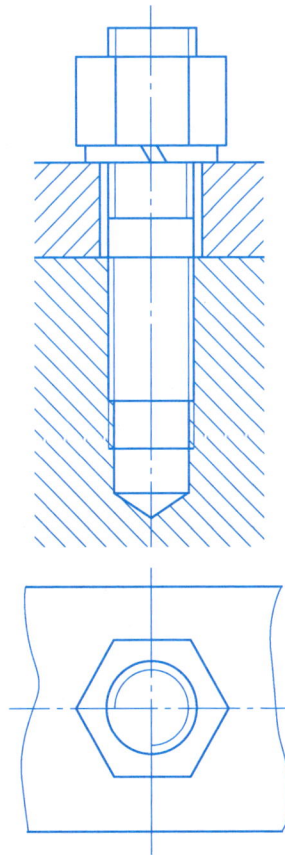

2. 键和销

（1）常用键的种类有 平键 、 半圆键 和 钩头锲键 三种。

（2）键是标准件，其主要作用是联接 轮 和 轴 。

（3）销用作零件间的 联接和定位 。常用销的种类有： 圆柱销 、 圆锥销 和 开口销 。

（4）在指定位置画出剖视图（键槽深 3mm）。

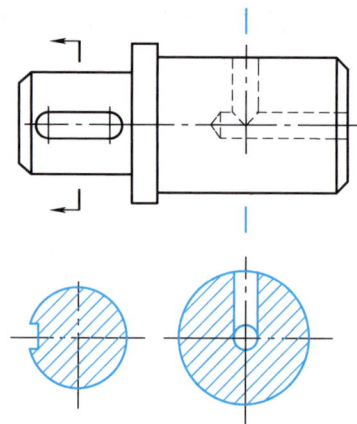

（5）补画半圆键联接轴和轮毂中的漏线。

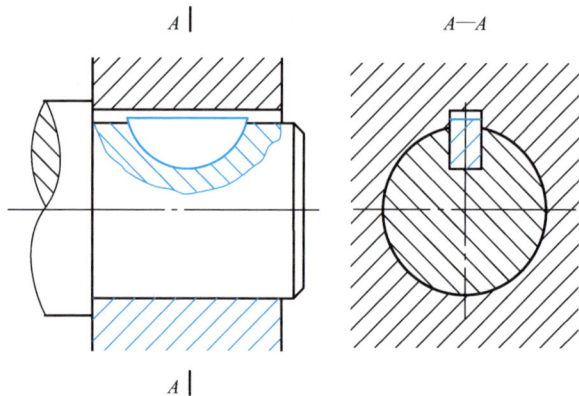

A—A

A

（6）画出用 φ8 圆锥销联接工件 1、2 的图形。

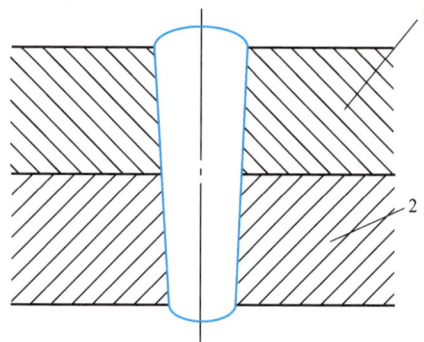

1

2

3. 滚动轴承和弹簧

（1）轴承是用来 支承 轴的。滚动轴承分为 向心轴承 、推力 轴承 和 角接触轴承 三类。

（2）轴承代号6208 指该轴承类型为 深沟球轴承 ，其尺寸系列代号为 02 ，内径为 40mm 。

（3）轴承代号30205 是 圆锥滚子 轴承，其尺寸系列代号为 02 ，内径为 25mm 。

（4）弹簧主要用于 减振 、 夹紧 、 测力和储能 等。常见的弹簧有 圆柱螺旋弹簧 、 板弹簧 和 涡卷弹簧 。

（5）圆柱螺旋弹簧按承受载荷不同可分为 拉伸弹簧 、 压缩弹簧 和 扭转弹簧 。

（6）弹簧中间节距相同的部分圈数称为 有效圈数 。

（7）弹簧的旋向分为 左旋 和 右旋 两种。

（8）解释轴承6304 的含义，并画出其与孔和轴的装配结构。

6304：深沟球轴承，04 表示滚动轴承内径为20mm，3 表示尺寸系列。

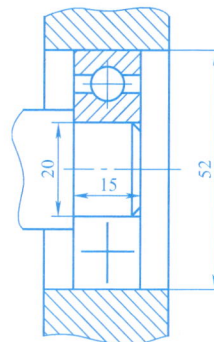

（9）检查轴承规定画法和通用画法中的错误，在右侧画出正确的视图。

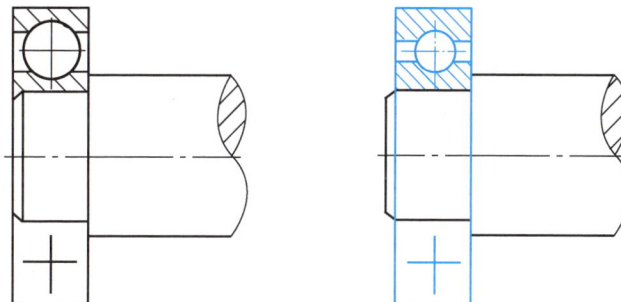

第 10 章　装配图

读螺旋千斤顶装配图，完成如下问题：

（1）该装配体的名称为 <u>螺旋千斤顶</u>，由 <u>7</u> 个零件组成。其表达方法是：主视图中采用了 <u>全剖视图</u> 和 <u>局部剖视图</u>，俯视图采用了 <u>全剖视图</u>，另外还有一个 <u>向视图</u>和一个 <u>移出断面</u>图。

（2）主视图上方的细双点画线是 <u>假想</u>画法，件 6 横杆采用了 <u>折断</u>画法。

（3）图中尺寸 225 和 275 是 <u>规格</u>尺寸，表示千斤顶的高度行程是 <u>50mm</u>。

（4）件 2 螺套与件 3 螺杆为 <u>螺纹</u>联接，其作用是将螺杆的 <u>旋转</u>运动转变为 <u>直线</u>运动。

（5）螺旋千斤顶的顶举重力是 <u>10000N</u>，与件 7 旋合的螺孔在 <u>装配</u>时加工。

（6）简述螺旋千斤顶的工作原理：

<u>旋转横杆（件 6），带动螺杆（件 3）旋转，由于螺套（件 2）固定不动，使螺杆的旋转运动转变成上下的直线运动，从而使顶垫（件 4）做上下的直线运动，因此起到顶起物体的作用。</u>

读折角阀装配图，完成如下问题：

（1）折角阀由 <u>7</u> 个零件组成，其中标准件有 <u>2</u> 个。

（2）折角阀的主视图采用了 <u>旋转剖的全剖视图</u>画法，其中扳手（件 5）采用了 <u>折断</u>画法。

（3）俯视图采用了 <u>拆卸</u>画法，其中的细双点画线是一种 <u>假想</u>画法，表示 <u>扳手（件 5）在该位置</u>。

（4）图中的 $B-B$ 是 <u>阀芯（件 4）的移出断面</u>图，主要表达 <u>阀芯内部孔的贯通情况</u>。

（5）C 向视图是 <u>螺塞（件 2）的局部视图</u>，表示 <u>螺塞端面的结构形状</u>；图形中两个小圆孔的作用是 <u>便于装拆的工艺孔</u>。

（6）螺塞（件 2）与阀座（件 1）是 <u>螺纹</u>联接，扳手（件 5）与阀芯（件 4）是 <u>四方</u>联接。

（7）按装配图的尺寸分类，图中 G1/2 是 <u>规格</u>尺寸，$\phi142$ 是 <u>安装</u>尺寸，205 是 <u>总体</u>尺寸。

（8）$\phi18\dfrac{H8}{m7}$ 是 <u>配合</u>尺寸，表示堵头（件 3）与阀芯（件 4）是 <u>基孔</u>制的 <u>过渡</u>配合。